新潮文庫

在日米軍司令部

春原　剛著

JN264662

目次

在日米軍主要配置図

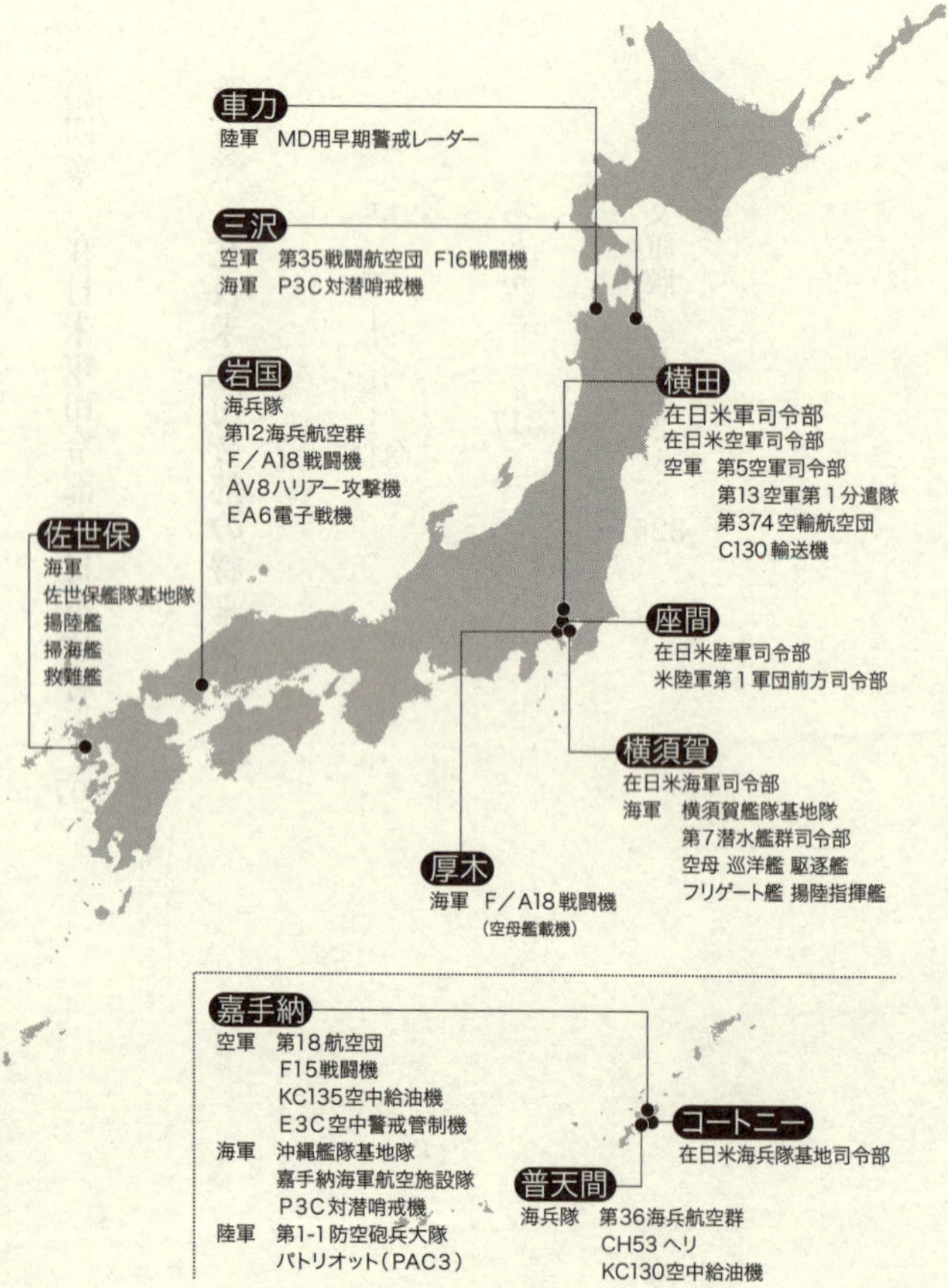
車力
陸軍　MD用早期警戒レーダー
三沢
空軍　第35戦闘航空団　F16戦闘機
海軍　P3C対潜哨戒機
岩国
海兵隊
第12海兵航空群
F／A18戦闘機
AV8ハリアー攻撃機
EA6電子戦機
佐世保
海軍
佐世保艦隊基地隊
揚陸艦
掃海艦
救難艦
横田
在日米軍司令部
在日米空軍司令部
空軍　第5空軍司令部
第13空軍第1分遣隊
第374空輸航空団
C130輸送機
座間
在日米陸軍司令部
米陸軍第1軍団前方司令部
横須賀
在日米海軍司令部
海軍　横須賀艦隊基地隊
第7潜水艦群司令部
空母 巡洋艦 駆逐艦
フリゲート艦 揚陸指揮艦
厚木
海軍　F／A18戦闘機
（空母艦載機）
嘉手納
空軍　第18航空団
F15戦闘機
KC135空中給油機
E3C空中警戒管制機
海軍　沖縄艦隊基地隊
嘉手納海軍航空施設隊
P3C対潜哨戒機
陸軍　第1-1防空砲兵大隊
パトリオット（PAC3）
コートニー
在日米海兵隊基地司令部
普天間
海兵隊　第36海兵航空群
CH53ヘリ
KC130空中給油機

在日米軍司令部

二〇一一年、「トモダチ作戦」を遂行せよ！

二〇一一年三月十一日午後二時四十六分、東北・三陸沖を震源とする、日本国内観測史上最大（マグニチュード＝M9）の極めて強い地震が日本列島を急襲した。これほどの巨大地震は、一九九五年一月十七日に発生し、未《いま》だ記憶に新しい阪神淡路大震災（犠牲者六千四百人）をも凌駕《りようが》する。後に「東日本大震災」と命名された地震の犠牲者は阪神淡路を超えるものになってしまうのではないか……。揺れのすさまじさを実地に体験した誰もがそう感じていた。

アメリカ合衆国大統領、バラク・オバマの盟友として、駐日米大使の要職に就《つ》いたジョン・ルースもそんな「最悪のシナリオ」を想定した一人だった。地震発生時、ルースは東京・赤坂にある米大使館内の中庭にある駐車場にいた。日本同様、地震多発地帯として知られる米西海岸・カリフォルニア州シリコンバレーの出身であるルースにとって、地震はそれほど珍しいものではない。だが、この時、堅牢《けんろう》なことで知られる米大使館ビルを地の底から突き上げ、何度も揺さぶるようなスケールの地震にルースはただならぬものを感じ取っていた。

最初の地震から十五分後、なおも余震が続く中でルースは即座に行動を起こした。懐中の携帯電話を取り出して、ある番号を押すと間もなく、ルースの望む相手が電話に応答していた。その人物こそ、総勢五万人の在日米軍兵士を配下に抱える第二十三代在日米軍司令官、バートン・フィールドだった。

地震発生から約半年前の二〇一〇年十月二十五日、東京郊外にある横田基地内で在日米軍司令官兼第5空軍司令官の交代行事が行われた。その場で米空軍少将から中将に昇格したばかりのフィールドは前任のエドワード・ライス空軍中将から在日米軍司令官としての「バトン（隊旗）」をしっかりと手渡された。

日本赴任前、米ワシントンDCにある国防総省でアフガニスタン・パキスタン特別代表の上級顧問を務めていたフィールドだが、その「中身」は生粋の戦闘機乗りである。空軍士官学校卒業後、東北・三沢基地の主力でもあるF16戦闘機のパイロットとなり、韓国、ドイツなど最前線で活躍。さらにイラク中部バラドの駐留米軍基地司令官の大役も拝命したことがある。ライスの前任で、フィールドにとっては前々任となるブルース・ライトもF16をこよなく愛する戦闘機乗りだったが、フィールドはライトと決定的に違う要素も備えていた。ライトよりも一世代若いフィールドは現役のパイロットとして、米空軍が誇る第五世代ステルス戦闘機F22も実地に乗りこなしていたのである。

F22「ラプター（猛禽類《もうきん》）」――。

米軍だけでなく、全世界が「最強」と認めるF22は単なる戦闘機ではなく、アジア太平洋地域に米軍が展開する戦力において、戦略的な役割を演じる重要兵器と位置付けられている。F22が就任後、ペンタゴン（米国防総省）はグアム島・アンダーセン空軍基地、米アラスカ州エルメンドルフ空軍基地だけでなく、沖縄・嘉手納《かでな》基地にも「演習」の名目で定期的にF22を順次投入した。以来、F22はその愛称通り、遠く台湾海峡や朝鮮半島にもその目を光らせ、有事の際にはいつでも飛び立てる態勢を保持している。敵レーダーに感知されない高度なステルス性能だけでなく、瞬時に音速領域に達する高性能ジェット・エンジンを備えたF22。その最新鋭兵器を米バージニア州ラングレー空軍基地で自らの身体の一部のように扱ってきたフィールドが新たに在日米軍司令官に起用されたことはもちろん、単なる偶然ではない。フィールドの上司にあたるロバート・ウィラード米太平洋軍司令官（海軍大将）は、その狙《ねら》いをこう説明している。

「日本に前方展開する米四軍（陸・海・空・海兵隊）の初動部隊が東アジア地域の安全に寄与している。その指揮官には米国でも最高の指導者が配置される」

指揮権移譲式が行われ、隊旗を受けたフィールドは式典のあいさつで「日本はアジアの安保・安定・平和の鍵《かぎ》。強力な日米同盟は将来においてもこの地域で素晴らしい仕事を成し遂げるはず。私も日米同盟がなお一層強固となるよう努力したい」と語気を強めた。それから約半年後、フィールドは思ってもいなかった形で日米同盟の基盤をさらに強固するための「作戦」を指揮することになる。

「C130輸送機を全面展開できる用意をするなど、（日本に）駐留している約五万人の兵員全員が可能な限りの最善のサポートを提供する」

震災から三日後の三月十四日午後、フィールドは米大使館内の記者会見場で力強く、こう宣言した。この時点ですでに東京電力の福島第1原子力発電所3号機は1号機に続き、地震と津波に伴う冷却装置の不具合によって、水素爆発を起こす事態に至っていた。こうした事態を睨《にら》み、フィールドの傍らに立つルースもフィールドに呼応している。

「日本側と緊密に協議しており、いつでも手を貸す用意がある」

そう言明したルースは、すでにこの時点で事態が一層深刻化する恐れもあることを視野に入れていた。

「（米軍関係者を含む）我々のメンバーには沸騰《ふっとう》水型原子炉や除染などについての専門家がおり、日本側の指示に従ってコンサルティング機能を一括して提供したい」

ルースはそう述べながら、米国が軍民一体化体制で日本支援に臨もうとしていることを日本側に強くアピールしている。

引き継がれたDNA

「Change（変化）」を標榜《ひょうぼう》し、二〇〇八年の米大統領選で圧勝した第四十四代アメリカ合衆国大統領、バラク・オバマが駐日米大使の重責を託した際、ルースは日米両国でまったくと言っていいほど「無名」の存在だった。シリコンバレーでは有数のハイテク企業専門弁護士として知られるルースだが、外交・政治分野での経験もなく、日本との関係も深くはなかったルースを駐日米大使に指名することは、戦後の日米関係史上、異例の抜擢《ばってき》と言っても過言ではなかったのである。

これまで駐日米大使の系譜と言えば、米政府・議会で経験豊富な「オオモノ」か、日本社会・文化、あるいは日米関係に詳しい学者・官僚経験者が一般的だった。第一の類型を代表するのは、現役時代に日米関係を「世界で最も重要な二国間関係」と断言したマイク・マンスフィールド（上院院内総務）である。かつて米民主党の正式大統領候補にもなったウォルター・モンデール（副大統領）、トーマス・フォーリー（下院議長）、ハワード・ベーカー（上院院内総務、大統領首席補佐官）といった面々もこの路線の正統な継承者だ。

　第二のグループには終戦後、ケネディ政権で日米関係強化に貢献したエドウィン・ライシャワー博士や、一九八〇年代の日米貿易摩擦時、「ミスター・ガイアツ」の異名まで取り、当時は自民党に所属していた小沢一郎（元民主党代表）とも緊密な関係を構築したマイケル・アマコスト元国務次官らがいる。

　ところが、オバマの前任者であるジョージ・W・ブッシュは政権後半、自らの個人的人脈に属するビジネス・法曹界出身者という「第三の類型」を編み出した。それがベーカーの後を継いだJ・トーマス・シーファーだった。シーファーは自ら「中央政権には何の人脈も経験もない」と断言する一方で「だが、自分にはブッシュ大統領との特別な関係がある」と豪語。実際、北朝鮮による日本人拉致《らち》問題などで日米関係が閉塞感《へいそくかん》を強めた際には大統領との秘密の「ホットライン」を駆使して、日米関係のメンテナンスに尽力した。

そのシーファーが現役時代、最も腐心していたのが「日米同盟の機関化」だった。米中央政界に強力なコネもなく、日米同盟に関する知識も乏しいシーファーはその「弱点」を逆手に取って、「日米同盟は今後、誰が大使であっても盤石《ばんじゃく》の体制を維持できるようにしなければならない」と考え、自らの在任期間をその試金石と位置付けたのである。

シーファーの問題意識は次第に、在日米軍司令部を日米同盟という名の扇の「要《かなめ》」に位置付けたいブルース・ライト在日米軍司令官の思惑と水面下で共鳴していく。在任時代、シーファーとライトは頻繁に顔を合わせ、日米同盟に関する様々な案件について腹を割って話し合う関係を構築するまでになった。その緊密振りは知日派として知られるベテラン米外交官が「あれほど横田（在日米軍司令部）と良好な関係を築いた大使を見たことがない」と漏らしたほどだ。

やがてホワイトハウスの主がブッシュからオバマへと変わり、シーファーの後を継いだルースについても、日米両国では駐日米大使の「第三の類型」、あるいは「シーファー・モデル」に属すると見る空気が強かった。実際、〇八年の大統領選挙で当初、圧倒的に有利と言われていたヒラリー・クリントン（現国務長官）ではなく、オバマへの支援を申し出たルースは紛れもなく大統領の「個人的人脈」の中核に位置していた。

一方で、米大リーグ球団「テキサス・レンジャース」の共同経営者として苦楽を共にしたブッシュ・シーファー関係には長い歴史があった。その気になれば大統領執務室に「直接、電話をかけることができた」というシーファーとブッシュの厚い友情が、「資金提供者と大統領候補」というルース・オバマ間にも同程度存在しているとは言い難いのも事実だった。

「(脱オオモノ路線である)『シーファー・モデル』は、日本でも好感を持って受け入れられた、と解釈してもいいのだろうか……」

二〇〇九年春、オバマに近いホワイトハウス高官は「ルース駐日大使」の起用を内定する際、ブッシュ政権の元高官にこう尋ね、ルース登用に関するマイナス材料の払《ふっ》拭《しょく》に奔走している。自らを巡る人事が「オオモノ路線の人材払底」(オバマ政権幹部)という米民主党の台所事情を背景としている事情なども踏まえ、ルースにはその基盤を確固たるものにするための理論武装と具体的な戦略が必要だった。そのルースが前任者であるシーファーの定めた「同盟機関化」の路線を踏襲するまでに多くの時間は必要ではなかった。

実際、ルースとフィールドは震災直後から以前にも増して頻繁に連絡を取り合い、早い段階から緊密な連携体制を構築していた。震災直後の電話から始まり、翌十二日には米大使館内で刻一刻と変わる東北一帯の被災地や、東京電力・福島第1原子力発電所に関する情勢分析とその後の対応を協議。これ以降、二人は「一日に何度も」（ルース）お互いに連絡を取りながら、日本への支援体制整備に向け、入念な作業を続けていたのである。

「幅広い範囲にわたって、我々がどれほど協力できるかを示す例となったと思う」

震災から二ヵ月後、当時を振り返りながら語るルースはフィールドとの協調体制に強い自信をにじませた。その姿は、かつて米大使館と在日米軍司令部の連携強化に尽力したライトに全幅の信頼を寄せていたシーファーのそれと寸分違わなかった。

「誰が駐日米大使になっても、誰が在日米軍司令官になっても、日米同盟の絆《きずな》を護《まも》るために緊密に連携できる体制を構築しなければならない」――。

かつてシーファーとライトが日米関係の強化に向けて合言葉にしていた「同盟機関化」という名の目標。その二人の思いは今、ルース－フィールドという新しいコンビに、確かな「DNA」として引き継がれていたのである。

「JTF東北」発足の意義

「地震の発生から四日目となり、人命救助は正念場を迎えている。自衛隊が経験したことのない事態だが、自衛隊が力を発揮する最大の場面だ」

大地震発生から三日後の十四日、防衛大臣の北澤俊美《きたざわとしみ》は被災地の最前線である宮城県仙台市にある陸上自衛隊東北方面総監部を訪れ、集まった自衛隊員にこう檄《げき》を飛ばした。この日、防衛大臣の北澤とともに東北を訪問したフィールドも「米国としては、文民、軍隊の両方が日本の政府と国民に対して、いかなる支援もできる態勢を整えている」と語り、日米同盟体制における連携の重要性を強調している。

実はこの時、北澤は自衛隊の歴史の中でも大きな一歩となる、ある重大な決断を下している。震災に伴う陸・海・空の各自衛隊による救助・捜索活動の指揮を陸上自衛隊に属する東北方面総監部の君塚栄治司令官の下に一元化する「JTF（Joint Task Force＝統合任務部隊）東北」を設置することを宣言したのである。

陸・海・空の各自衛隊に所属する部隊を統合する「統合任務部隊」の編成が長い間、自衛隊にとって重要な政策課題となっていたことはあまり知られていない。

これも日本ではあまり認識されていないことだが、フィールドが束ねる東京・横田の在日米軍司令部の主たる任務は日本に点在する在日米軍基地の管理であり、日本に駐留する米陸軍、海軍、空軍、海兵隊に対する「有事指揮権」を持っているわけではない。後で詳述するが、仮に台湾海峡や朝鮮半島で日本も巻き込まれる可能性が高い有事が発生した場合、これに投入される米軍兵力を統率するのは米軍の組織上、在日米軍司令部ではなく、米太平洋軍司令部（ＰＡＣＯＭ）となるのである。実際、ＰＡＣＯＭではすでに有事対応として「ＪＴＦ‐５１９」のコードネームで呼ぶ、アジア有事作戦のための統合任務部隊まで編成し、有事発生に備えている。

冷戦時代、「非対称」とか「ただ乗り」とか言われ続けた日米同盟のいびつな体制を是正するため、自衛隊指導部には長い間、自らのカウンターパート（交渉・協議相手）として在日米軍司令部ではなく、ＰＡＣＯＭを志向する空気が強かった。実際、自衛隊にとって、「米軍の総務部」（ある自衛隊幹部）のような存在に過ぎない在日米軍司令部を自らの「同格」と位置付けられることは決してありがたいことではない。朝鮮半島有事の際、実際に戦地に赴き、兵力を投入する真の「作戦司令部」と密接な関係を構築して「初めて、真の同盟相手と呼ぶべきだ」という問題意識がその根底にはある。

日本と米国が真に「対等な同盟相手」であるならば、自衛隊の統合幕僚監部に相対すべきなのは、ワシントンの米国防総省の中枢に位置する統合参謀本部である。だが、日本有事に際して米軍には「日本防衛」の責務を与える一方、米国有事について自衛隊に「米国防衛」の義務を負わせていない現在の「片務的」な同盟関係において、そこまで求めることは今の日本にはできない。だからこそ、その折衷案として自衛隊指導部は長らく、「我々の協議相手はPACOMであるべきだ」（ある海上自衛隊OB）という思いを強く持ち続けてきたのである。

在日米軍司令部ではなく、PACOMを同格の交渉相手とするための手段として、自衛隊内部ではかねて、一つのアイデアが取りざたされていた。それは米側の「JTF-519」に対応する形で、自衛隊内にも台湾海峡動乱や朝鮮半島情勢の流動化などを睨んで、「日本版JTF」を発足させることだった。こうすれば、日米双方のJTFが平時から密接な意見交換や協議、有事の行動確認作業などにあたることができる上に、実質的に自衛隊のカウンターパートは在日米軍司令部ではなく、PACOMということにもなる。

もちろん、「JTF東北」発足の意義は、こうした対米軍交渉戦略以外の部分でも大きい。官僚機構以上に陸、海、空で「縦割り」意識が強い組織の一体感を強めるため、自衛隊は数年前から組織の一元管理、指揮命令系統の簡素化を主要命題に据えてきた。その象徴的存在とされるのが、折木良一自らトップを務める「統合幕僚監部」の発足である。

陸・海・空に分かれる自衛隊を一元管理・統率する統合幕僚監部が発足したのは二

○○六年三月のことだ。それまでは自衛隊に対する防衛長官（現防衛大臣）の指揮・命令は陸・海・空のそれぞれの幕僚長を通じて個別に行われ、各部隊の運用も一体化されていなかった。明治維新以来の陸・海に加え、戦後、米国の指導の下で発足した空という三つの異なる自衛隊間では使う「言葉」から、組織文化も大きく異なると言われ、「省益あって、国益なし」としばしば揶揄《やゆ》された中央官庁以上の縦割り意識がはびこっていた。

その欠点を克服し、冷戦後の危機対応能力を強化するため、自衛隊が断行した大幅な組織改編の目玉が「統合幕僚監部」だった。新設した統合幕僚監部にはトップに統合幕僚長を据え、同副長の下に総務、運用、防衛計画、指揮通信システムという四つの部を編成。さらに独自の報道官組織も置き、自衛隊の一体感を醸《かも》し出すことに腐心した。

実際の運用について、当時の防衛庁（現防衛省）は弾道ミサイル防衛（BMD）のほか、離島侵攻対処、在外邦人輸送、国際緊急援助活動、そして大規模震災対処などの事態に応じて、三つの自衛隊から部隊を集めて「統合任務部隊（JTF）」を編成する、と説明している。

冷戦後、米国など世界の主要国では高度なハイテク技術を備えた通常兵器を駆使することが多くなってきたことなどを念頭に、陸・海・空という異なる軍隊組織が同じ指揮・命令系統で作戦・行動計画をともにする統合任務・運用の考え方が主流となっていった。日本の自衛隊も二〇〇五年のインドネシア地震被害に対する支援活動の際、実質的な統合運用を行った経緯がある。

「大規模災害が起きたとき、陸海空各自衛隊が迅速かつ効果的に対応するためには当たり前の体制だ。各自衛隊がばらばらに防衛庁長官を補佐していては時間がかかって仕方がない。窓口を一本化し、ミサイル攻撃など新たな脅威にも、いつでも対処しなければならない時代になった」

初代の統合幕僚長、先崎一《まっさきはじめ》は発足当時、日本経済新聞とのインタビューで統合幕僚監部の狙いをこう説明している。

その先崎から数えて三代目となる折木は日本国内で初めて統合任務部隊を編成することがあるとすれば、これまでにないような大震災を受けた事態の可能性が極めて高い、と分析していた。特に折木が懸念《けねん》していたのは「首都直下型地震」に対する備えである。このため、折木が当初、JTF発足という事態に関するシミュレーションを巡り、最も意見を交換したのは首都圏を本拠地とする東部方面総監だった。そして、何度もブレーン・ストーミングを重ねた結果、折木らがたどり着いた結論は「震災J

TF」を発足させる場合、必要な幕僚などを集めるプロセスなどが欠かせないため、災害発生から「二、三日後になる可能性が高い」ということだった。実際、東日本大震災を受けて、北澤がJTF東北の編成を命じたのは折木らの予測した通り、震災から三日後の二〇一一年三月十四日のことである。

「統合幕僚監部」を設置し、組織の一元管理体制の強化に努めてきたとはいえ、実態面では「依然として縦割り意識が消えていない」と指摘され続けていた自衛隊にとって、「JTF東北」は名実ともに旧来の縦割り感覚を乗り越える重要な試みとなった。

さらにこの時、初の「日本版JTF」は別の面でも歴史的な一歩を記していた。

「これはJTF（519）という位置付け、と捉えていいのだろうか……」

震災から八日後の三月十九日に本拠地のハワイから急遽《きゅうきょ》来日し、在日米軍司令部のある東京・横田の米軍基地に陣取った米太平洋艦隊司令官、パトリック・ウォルシュ海軍大将に、折木は思わずそう尋ねた。

震災直後、大規模な対日本救援作戦計画「トモダチ」を発動した米国防総省の動きは早かった。海上からの救出活動にあたらせるために急派した原子力空母ロナルド・レーガンは十三日未明には宮城県沖に到着。さらに強襲揚陸艦エセックスや、ドック型揚陸艦ジャーマンタウン、さらに第7艦隊の指揮統制艦ブルーリッジなど合計十三隻《せき》の軍用艦を現地周辺海域に投入し、多くのマンパワーと救援物資を惜しみなく日本に提供している。

太平洋全域を統括する太平洋軍の総司令官、ウィラード海軍大将も震災十日後の二十一日に日本を訪問し、北澤や折木らとひざを突き合わせて会談している。この時、ウィラードは福島第1原発の事態悪化に備え、放射能汚染などを専門に扱う特殊部隊を米本土から派遣する用意があることまで伝達している。

だが、日本の危機対応に際して米軍が見せた一連の対応の中で、中国の人民解放軍など世界の軍事関係者が特に注目していたのは、実はこのウィラードによる訪問ではなく、ウィラードの指揮下にある太平洋艦隊の司令官、ウォルシュの訪日だった。

これも日本ではあまり知られていないが、太平洋軍を統括するウォルシュには表向きの任務のほか、重大な密命が課せられている。それはアジア太平洋地域を揺るがす二大有事案件、すなわち台湾海峡危機と朝鮮半島動乱に備えること。具体的に言えば、先にも触れた「JTF‐519」を統括する「密命」をウォルシュは帯びているのである。そのウォルシュが直接日本に乗り込み、対日救援作戦「トモダチ」を指揮した事実はすなわち、今回の東日本大震災に伴う軍事行動について、米側が台湾海峡動乱、あるいは朝鮮半島有事に匹敵する「重大事」と捉えていたことを意味する。

総勢十万人の体制で救援作戦に臨んでいた自衛隊のトップとして、常に米軍との連携の重要性を意識していた折木がそのことに気が付かないはずもない。ウォルシュと顔を合わせた時、思わず口をついた言葉がそれを如実《にょじつ》に物語っている。仮に米側が「トモダチ作戦」をJTF－519の「応用編」と位置付けていたならば、「トモダチ作戦」を中核とする日米間の連携作業はそのまま、台湾海峡有事や北朝鮮動乱などを睨んだ日米共同作戦の「予行演習」的な性格も自然と帯びることになる。中国をはじめとする世界の軍事関係者が「トモダチ作戦」の進行状況に密《ひそ》かに目を凝らしていた理由もここにある。

実際、日米両国が震災と原発事故の対応で総力を結集している最中、中国やロシアをはじめとする近隣国は、相次いで日本の領域付近まで戦闘機やヘリコプターを送り込んでいる。いずれも軍事的小競り合いのような大事には至らなかったが、表面的には「（日本が）必要とする援助を行う用意がある」（プーチン・ロシア首相）などと言いながら、こうした挑発行為に踏み切った背景には、同時多発的な危機に追われる日米同盟が、さらなる危機にどう対処するかの「反射神経」を探る狙いがあった可能性は極めて高い。

震災からわずか六日後の三月十七日、ロシア空軍に所属するＩＬ20電子情報収集機やＳｕ27戦闘機などが日本領空に急接近していることを航空自衛隊の監視網がキャッチ、空自戦闘機が緊急発進（スクランブル）する事態が発生した。震災対応に十万人体制で臨んでいた自衛隊の「余力」を瀬踏みするかのようにロシアは二十一日にも同様の偵察行動を繰り返している。

さらにその約一週間後の三月二十六日、南西諸島がある東シナ海の日中中間線付近で、中国の国家海洋局に所属する海洋調査船の搭載ヘリ「Ｚ９」が警戒監視中の海上自衛隊の護衛艦「いそゆき」に急接近するという「事件」もあった。Ｚ９は「いそゆき」を牽制《けんせい》するかのように上空を一周し、現場から立ち去ったという。

折木の質問に対して、意外にもウォルシュは即座に「いや、それは違う」と返答している。そして、こう言葉を継いだ。

「今回のトモダチ作戦に投入した米軍兵力を我々はＪＳＦ（Joint Support Force＝統合支援部隊）と位置付けている」

ＪＴＦとＪＳＦの違いとは何か――。

それをウォルシュは折木に明快に説明している。台湾海峡動乱や朝鮮半島有事に際して、米太平洋軍が組織するＪＴＦ・５１９はその名の通り、陸・海・空の三軍に海兵隊を加えた統合部隊をウォルシュの下で一元管理し、最も効率的な部隊運用を試みる枠組みである。この場合、実際の戦闘行動だけでなく、戦後の処理（現地の治安回復・維持、行政機能の回復・指導など）もＪＴＦの任務の一環となるため、部隊組織にあたっては行政機能を担《にな》う人員なども配置することが求められる。

だが、「トモダチ作戦」の場合、あくまでも任務は行方不明者、被災者の救出・救援や、被災地の復興・復旧、あるいは原発事故への対応支援であって、直接的な軍事行動や戦後処理まで含まれているわけではない。だから、ウォルシュは「これはＪＴＦか」と問う折木に対して、「ＪＴＦではなく、（そこから行政処理などの要素を除いた）ＪＳＦだ」と返答したのである。

要約すれば、ＪＴＦには戦後処理から占領統治の機能まで見据えた「統合任務」が付与される一方、ＪＳＦには純粋に軍事的な「資産」を使った形での各種の行動（軍事行動や救済・救命行動）に対する「統合任務」が与えられているだけなのである。

古くはマッカーサー米陸軍大将による日本占領、近年ではブッシュ政権によるイラク侵攻、サダム・フセイン政権の打倒、そして民主化政権の樹立といったプロセスは米軍内で「ＪＴＦ」と位置付けられるが、東日本大震災に伴う米軍の救援・救出・復興支援計画はそれらとは目的も性質も大きく異なることは誰の目にも明らかだ。

一方で、未曾有《みぞう》の大震災に際して大規模な「トモダチ作戦」を展開した米政府・米軍は東京・横田の在日米軍基地内に早い段階から「ＪＳＦ」を設置し、在日米軍司令官であるフィールドではなく、ウォルシュ自らが陣頭指揮を執る態勢を整えた。それはつまり、任務や性格が根本的に違うとは言え、この「トモダチ作戦」について、米側は実質的にはＪＴＦ－５１９を遂行する場合と同じスケールで想定し、行動計画を練り上げていたことを物語っている。米側の意向をそう捉えた折木ら自衛隊幹部は以来、「トモダチ作戦」における米太平洋軍司令部の対応を「ＪＴＦの準用」と呼ぶようになった。

米軍最高司令官であるオバマ大統領の「あらゆる支援を惜しまない」という言葉通り、米軍は陸・海・空・海兵隊の兵力を総動員し、過去最大規模の日米共同作戦を展開した。「トモダチ作戦」に参加した艦艇は合計で十九隻、航空機は百三十三機、人員は一万八千人を超えた。東京・市ヶ谷の防衛省と在日米軍司令部のある東京・横田基地、さらに陸上自衛隊の東北方面総監部の三ヵ所には日米双方の制服組が肩を並べる「日米共同調整所」も設置し、包括的な救出・救援作戦を展開する態勢を整えた。

「懸命に救援に取り組む米軍兵士の姿に日本国民全員が感激し、大いに勇気づけられた。今回ほど米国を友に持つことを心強く思ったことはない」

不眠不休の救援活動がヤマ場を越えた四月四日、北澤防衛相はトモダチ作戦に従事するため三陸沖に展開していた米原子力空母ロナルド・レーガンを訪問した。この場で北澤は菅直人首相の謝辞を代読するという格好で、日本への支援に対して自らの口で約二千人の米軍兵士に直接、謝意を伝えている。

北澤の言葉通り、米側の対日支援は迅速、かつ広範囲に及んでいた。

たとえば、震災から五日後、在日米軍の救援部隊は支援物資の輸送路を確保するため、津波によって冠水した仙台空港の復旧に早々と着手している。同日には輸送機C130が着陸できるまでに回復、さらにその四日後にはC130の三倍以上の最大積載量を誇るC17まで離着陸できるまでになっていた。

大規模支援を展開するため、米太平洋空軍はアラスカ州エルメンドルフ基地に所属する二機のC17輸送機を東京・横田基地に急派。毛布などの支援物資を百トン近く搭載して、仙台空港までピストン輸送する「力技」も見せた。このほか、米軍輸送機は津波で壊滅的な被害を受けた宮城県気仙沼市や岩手県陸前高田市に救援物資を届けるため、自衛隊が復旧させた航空自衛隊松島基地（宮城県東松島市）にも悪天候の中、五百ミリペットボトルの飲料や医薬品などを緊急搬送。これを陸上自衛隊が複数のトラックに載せ替え、現場に駆け付けた米海兵隊員とともに被災地に向けて運ぶという連携作業も展開している。

「日本人は永久にあなた方の友達だ。日米共同の救援作戦が日米同盟のさらなる深化につながると確信している」

折木やルース、そしてウォルシュらが見守る中、北澤は「トモダチ作戦」に従事した米軍兵士にそう断言した。死者・行方不明者捜索、そして救援物資の搬送、被災地での復旧支援——。北澤の言葉通り、大震災に対応するため発動した日米共同作戦は、あらゆる側面で同盟の「錬度」が一気に高まったことを如実に示していた。

米軍が展開した「三正面作戦」

一方で、今回の日米共同作戦には目に見えないところで、多くの問題点と課題も残された。たとえば、総兵力二十四万人の自衛隊は今回、半数近い十万人もの兵力を被災地の救済・救援、さらに復旧・復興作業に一度に投入した。いわば、一点張りに近い兵力投入を決めた首相官邸には台湾海峡や朝鮮半島で起こり得る有事への対応は全く念頭になかった。

これに対して、米軍は東アジアの番人とされる第7艦隊の主力である原子力空母ジョージ・ワシントンを急遽、母港・横須賀から離脱させ、台湾情勢や朝鮮半島情勢に変化があった場合に備えるという、「奥行き」のある態勢を徹底して堅持した。さらに福島での原発事故が予想以上に悪化した場合の在留米国人の緊急避難に備え、沖縄駐留の米海兵隊司令官をトップとする「ＪＴＦ－５０５」も発足させるという二枚腰、三枚腰の構えまで見せた。

震災、アジア有事、そして米国人救済という「三正面作戦」を同時進行させる周到さを見せつけた米軍に対して、被災地への対応だけに追われた自衛隊――。

救援国と被災当事国という大きな立場の違いがあるとはいえ、両者の力量に依然として大きな差があることは誰の目にも明白となった。自衛隊トップの折木自身、今回の日米共同作戦について「実態面を見れば、まだまだ部隊間のインターオペラビリティー（相互運用性）などには問題があった」と反省の弁を漏らしている。

それでも日米両国の〝ＪＴＦ〟が大きな規律の乱れもないまま、迅速、かつ粛々と救済、復旧、復興作業にあたった姿を世界の目がかつてないほど前向きに捉えていたことは間違いない。

米側によるアジア有事における作戦計画JTF－519の準用。そして、自衛隊発足以来、画期的な一歩となったJTF東北の発足――。

この二つが同時に重なったことによって、日米両国は、その共同有事対応能力を世界に見せつけることとなった。ある中国専門家は日米間の連携が予想以上にスムーズに進んでいる様を人民解放軍が観察し、「日米同盟のレベルの高さに舌を巻いていた」と証言する。東日本大震災という未曾有の悲劇の中、日米同盟は懸命の救出・救援作業を通じて、また新たな進化を遂げていたのである。

震災から約一ヵ月後の四月上旬、震災地への救援物資輸送や捜索活動などを展開していた米原子力空母ロナルド・レーガンは一連の任務を終え、随伴の護衛艦艇二隻と共に東北沿岸を離れた。横田滞在中は自衛隊幹部らと「毎日連絡を取り、日本は何を必要とし我々は何をできるかを密接に話し合っている」と強調していた米太平洋艦隊司令官、ウォルシュも「トモダチ作戦」が山場を超えたことを確認し、本来の拠点であるハワイに帰還した。離日前、ウォルシュは対日支援作戦について「長期間にわたって続ける。辛抱強くかかわっていく」と語り、従来以上に日本との関係を強めていく姿勢も強調した。

「自衛隊の活動を迅速かつ効果的に支えたことは日米同盟の強さと成熟の証だ」

二〇一一年四月六日、米下院軍事委員会での証言に臨んだ米太平洋軍司令官、ウィラードはこう述べ、日米共同作戦の成果に胸を張った。席上、ウィラードは「米国の安全保障にとって、アジア太平洋地域の重要性は一層増している」と指摘した上で、「トモダチ作戦」を通じて日米軍事当局間の「絆《きずな》」の強さを世界に見せつけたことが、地域の安定にもつながるという考えも示している。

その絆を強めるため、ウィラードが密かな計画を心中で温めている可能性がある、と複数の自衛隊関係者は指摘する。その「計画」こそ、かつてフィールドの前々任者であるブルース・ライトが口にしていた在日米軍司令部の実質的な「格上げ」だ、とある関係者は断言する。急速な軍備近代化を続ける中国人民解放軍の動向や、不安定な権力移行期に入った北朝鮮の実情などを睨み、「米海軍でも有数の思慮深い戦略家」（元米国防総省高官）と言われるウィラードは、在日米軍司令部に与えてこなかった「有事対応能力」を付与する可能性について検討しているというのである。

前任のティモシー・キーティング（元海軍大将）が熱心には取り組まなかった在日米軍司令部の「格上げ」問題に何故《なぜ》、ウィラードが新たな目を向けるようになったのか。その心中にある「秘策」にどのような内容が含まれているのか。それらを含め、在日米軍司令部の役割を巡り、どのような思惑が水面下で交錯しているのかを現時点で詳細に窺い知ることはできない。だが、今回の震災対応を契機として、在日米軍司令部の将来像を巡る、新たな潮流が生まれた可能性は否定できない。アジア太平洋地域における新たな安全保障環境に見合った在日米軍像を模索する動きはまだ始まったばかりなのである。以下、本書では、その胎動期ともいえるこの数年の流れを追った。

プロローグ

二〇〇七（平成十九）年十月、日米軍事当局は極秘裏に新たな隠密《おんみつ》部隊を発足させた。

「C2ワーキング・グループ」――。

米太平洋軍司令官のティモシー・キーティング（海軍大将）と自衛隊トップの齋藤《さいとう》隆《たかし》統合幕僚長との合意に基づき、結成された新たな合同タスク・フォースの使命。それは二十一世紀型の脅威に迅速に対応するため、二つの「C」、すなわち日米間の「コマンド・コントロール（Command Control）」システムの一体化を加速することだった。参加メンバーは自衛隊の統合幕僚監部、在日米軍（USFJ）司令部、そして米太平洋軍司令部（PACOM）のJ3（作戦計画）部門の佐官クラス。いずれ劣らぬエリート軍人が集結した専門家集団である。

日米両国政府はブッシュ米政権発足を受けて在日米軍基地再編を中心とする「防衛

政策見直し協議（DPRI）」に着手した。そのプロセスの中で、米側が最も力点を置いていたのは在日米軍基地の縮小・再編ではなく、アジア太平洋地域における有事の際に日米間でどのような役割分担が可能かを規定するための「役割・任務・能力」に関する議論だった。

だが、DPRIプロセスの後半では沖縄海兵隊のグアム島移転問題や、普天間飛行場（沖縄県・宜野湾《ぎのわん》市）の移設問題などに議論が集中してしまった。結果的に「役割・任務・能力」に関する立場をまとめたものの、米側はやや置き去りにされたという感覚を強めていた。

新タスク・フォースではこうした反省を踏まえ、日米双方の「役割・任務・能力」に着眼しながら、双方の司令系統の流れを出来る限りスムーズにする体系作りを目指している。すでにハワイの太平洋軍司令部、市ケ谷の統合幕僚監部などで隠密部隊は定期的に会合を開催。ミサイル防衛（MD）時代に見合う形で、「日米間の司令系統のインターオペラビリティー（相互運用性）の向上」（在日米軍司令部幹部）を進めている。

冷戦終結から唯一《ゆいいつ》の超大国・米国への一極集中、そしてイラク戦争を経て、無極化する世界……。

目まぐるしく変わる二十一世紀の国際情勢の中で、日米同盟もまた新たな変革を迫られている。その要《かなめ》に位置する在日米軍司令部が主導して実現したC2ワーキング・グループはそうした「変革」の氷山の一角に過ぎない。


二〇〇八年二月二十五日午前十一時半、東京・横田基地――。

一九五七年の発足以来、在日米軍の中心的存在となっている「聖地」に新たな歴史を刻み込んだ男が最後の晴れ舞台を迎えようとしていた。

男の名前はブルース・ライト。第二十一代在日米軍司令官兼第5空軍司令官を務めた米空軍中将である。

日本を「第二の故郷」と呼び、ポスト冷戦後の日米同盟強化に奔走したライトは三年に及ぶ任期を終え、最後の指揮権移譲式に臨んだ。

数日前までの曇り空から一転、快晴に恵まれた式典当日。突き刺さるような寒気の中で、ライトは少しだけ長い顎《あご》をいつものように上向きにしながら、背筋を伸ばして直立した。

式典の始まりを告げる両国国歌。米国人女性によってアカペラで朗々と歌われた「君が代」、そして「星条旗」の余韻が残る中で、ライトは司令官として最後の演説に入る。

「アリガトウゴザイマス……」

冒頭、米空軍屈指の日本通としてはややたどたどしい日本語での挨拶《あいさつ》の後、ライトは意外な人物の名前を口にした。

「まず、シーファー大使閣下に」

式典には遠路ハワイから自らの上官にあたるティモシー・キーティング太平洋軍司令官や太平洋空軍司令官のキャロル・H・チャンドラー（空軍大将）らも駆けつけていた。にもかかわらず、ライトは三年に及んだ滞日中、日米同盟の強化という命題を共有する「同志」として共に奔走した駐日米大使、J・トーマス・シーファーの名前をいの一番に挙げたのである。

指揮官の交代式からわずか二週間前の二月十三日。シーファーとライトは沖縄にいた。その二日前、沖縄県で発生した米兵による日本人少女暴行事件について、沖縄県民に謝罪するためだった。

二〇〇八年二月十一日未明、沖縄県警沖縄署は中学三年の少女（十四歳）を暴行したとして、米海兵隊キャンプ・コートニー所属の二等軍曹、タイロン・ハドナット容疑者を強姦の疑いで逮捕、翌十二日午後に送検した。沖縄署の調べによると、ハドナット容疑者は十日午後十時半ごろ、同県北谷町北前の公園前に止めた車の中で少女に暴行した疑いが持たれていた。

当時、ワシントンに一時帰国していたシーファーは、事件発生の前日に東京に戻ったばかりだった。一方のライトも東京・横田基地で予定されている在日米軍司令官としての退官式を待つばかりの身となっていた。

にもかかわらず、シーファーとライトは阿吽の呼吸で即座に行動を起こした。双方とも沖縄でのこうした事件に対して、その初動がいかに大切であるかをこれまでの経験則で十二分に理解していたからだ。

「知事に直接会って、いかに深刻に受け止めているか話したいと思って来た」

沖縄県知事の仲井眞弘多との会談で、シーファーはこう切り出すと「今回の事件は本当に申し訳なく思っている。日本にいるすべての米国人が被害に遭った少女とご家族のことを思い、元気になるよう願っている」と自らの心中を一気に語った。その際、シーファーが急遽、自ら綴った少女宛ての手紙を仲井眞に手渡す配慮も見せた。

同席したライトもシーファーに続いた。

「心から申し訳なかったと思う。再びこのようなことが起きないよう、できることは何でもしたい」

この沖縄での事件をはじめ、シーファー・ライトのコンビはその在任期間中、日米同盟の危機管理、あるいは同盟関係の強化に向けて、文字通り二人三脚で様々なことに取り組んできた。

北朝鮮による弾道ミサイル連射や核実験は言うに及ばず、同盟進化を目指す二人の行動は多くの米政府関係者の間で、語り草になるほど「非常に高度なレベル」（在日米大使館幹部）に達していた。

「日米間の友情がこの同盟関係を強くしてきた」

横田基地で行われた式典での演説で、ライトは何度も「友情」という言葉を口にした。地道な日々の作業を通じてのみ勝ち取ることができる信頼関係。そして、それを基盤とする永続的な友情。それこそ、シーファーとライトが日米同盟強化のために「必要不可欠なもの」と認識していたものだった。それを可能にしたのも「大使・司令官」という縦割りの意識を超えて、二人が築き上げた特別の信頼関係だった。

「在日米大使館と在日米軍司令部は常に言動を一致させておくべきだと思った」

ライトと築き上げた関係の狙《ねら》いについて、後にシーファーはこう回想した。

ライトの司令官時代は名実ともに日米同盟が大きく変貌《へんぼう》を遂げようとしていた変革期だった。

その中で、ライトはシーファーの協力を得て、在日米軍司令部と米大使館の「一体化」に成功した。次にライトが定めた照準。それは在日米軍司令部と防衛省・自衛隊中枢《ちゅうすう》との連携を加速させることだった。

そんなライトの試みに理解を寄せる日本人もいた。

防衛省生え抜きとして次官にまで上り詰め、全盛期には「防衛省の天皇」とまで称された実力派次官の守屋武昌《たけまさ》である。

首都・ワシントンにある統合参謀本部（JCS）、そしてハワイに君臨する太平洋軍司令部。それらの「出先機関」に過ぎない在日米軍司令部はかねて、防衛省・自衛隊の中枢では必ずしも重く見られてはいなかった。

だが、片務条約と言われた日米安保条約を基盤として、「非対称の同盟」に甘んじてきた日米同盟の現実に不満を抱き、日米同盟の「格差是正」を唱えていた守屋は、その具体的なターゲットとして、在日米軍司令部の「格上げ」を省内で密《ひそ》かに提唱した。

そんな守屋から見て、在日米軍司令部の「地位向上」に奔走するライトの動きは「結果的には日米同盟、ひいては日本のためにもなる」と映った。そのため、守屋は自衛隊制服組のライトに対する冷ややかな目を知りながら、心中でライトの動きを黙認していたのである。

防衛次官勇退後、守屋は防衛商社・山田洋行を巡る贈収賄《ぞうしゅうわい》スキャンダルが発覚し、刑事被告人となった。だが、ライトに対する守屋の「精神的支援」は多くの関係者が今も認めているように、そうしたスキャンダルとは無縁のものだった。

司令官交代式典のクライマックスである指揮権継承のセレモニー。その直前、ライトは在日米軍を束ねる「最高司令官」として陸、海、空軍に海兵隊を合わせた在日米軍四軍代表から最後の敬礼を受けた。

その直後、ライトは米太平洋軍司令官のキーティングに在日米軍司令官を象徴する軍旗を、続いて米太平洋空軍司令官のチャンドラーに第5空軍司令官を示す軍旗を手渡し、それぞれの任を正式に解かれた。

「過去数年、日米同盟の変革において多大な進展があった」

ライトが返還した二つの軍旗を受け継いだ新司令官、エドワード・A・ライス（空軍中将）は就任演説の中で、前任者の功績をこう称《たた》えた。

かつて銀幕で活躍した名優、シドニー・ポワチエを髣髴《ほうふつ》させる風貌。ブッシュ政権でアフリカ系女性初の国務長官となり、偶然にも同じ苗字《みょうじ》を持つコンドリーザ・ライスにも通じる知的な眼差《まなざ》し。そして、長い軍人生活で培《つちか》われた自信と信念に満ちた態度——。

ライスは在日米軍を束ねる司令官としては初のアフリカ系米国人だった。そうしたプレッシャーを微塵《みじん》も感じさせない紳士は巨大な米軍組織の中でも「明るい将来を約束された」（シーファー）切れ者との風評も高い。

演説の締めくくりで、ライスは「これからの長い歳月、日米同盟が一層強化されていくことを確信している」と力強く宣言し、ライトの敷いた変革・一体化路線を引き継いでいく意思を内外に力強く示した。

そのライスを日本に送り込んだ直接の人事責任者、チャンドラー太平洋空軍司令官は祝辞の中で日米同盟の更なる変革に挑むライス新司令官について、語気を強めてこう紹介した。

「冷戦時代の（日米）関係から、二十一世紀の関係へと変わる中で、（在日米軍司令官として）完璧《かんぺき》な選択（perfect choice）だ」——。

第一章

日本防衛の重要拠点

青森県・三沢で、F16でのラストフライトにのぞむ
ブルース・ライト司令官（米空軍提供）

空飛ぶ司令官

眼前には青白い空がどこまでも果てることなく続いている。彼方《かなた》には近代的な超高層ビルが所狭しと立ち並んでいるのが見える。

二〇〇七（平成十九）年秋某日、東京都下・横田基地上空――。

「こちらオービル（Orville）、ただ今から飛行訓練を開始する」

「了解、オービル。グッドラック！」

握りなれたF16戦闘機の操縦桿《かん》の感触を確かめながら、第二十一代在日米軍（USFJ）司令官、ブルース〝オービル〟ライトはスロットルを全開にすると一路、日米双方の戦闘機乗りが「ホテル・エアースペース」の愛称で呼ぶ米軍ご用達の練習空域へと向かった。

戦後六十年を経た今でも首都・東京の空はその大部分が米軍によって実質的に管理されていることはあまり知られていない。

いわゆる「横田空域」と呼ばれるエリアは新潟県から東京西部、伊豆《いず》半島、長野県までを覆《おお》っている。この中に在日米空軍が所管する横田基地をはじめ、航空自衛隊の入間《いるま》基地、海上自衛隊・在日米海軍の厚木基地などが点在しているのである。

上空一万二千フィート（約三千七百メートル）から二万三千フィート（約七千メートル）。このエリアでは日米政府間合意に基づき、米軍が一元的に管制業務（飛行機に対する出発、進入の順序、経路などを指示する業務）を受け持つ。

このため、日本の民間航空機は多くの場合、関西空港などに向かう一部を除いて、この横田空域を避けるように遠回りして飛ぶのが現状だ。

東京上空を含む横田空域の一部は米空軍のパイロットにとって、日本防衛という任務を遂行するために必要な訓練を行う「秘密道場」のような存在になっている。その中で最もポピュラーなものとして知られているのが通称「ホテル・エアースペース」と呼ばれる訓練用の空域である。

一九七一（昭和四十六）年七月、岩手県雫石《しずくいし》の上空で全日空機と編隊飛行中の自衛隊機が空中衝突する事件が発生した。全日空機の乗員、乗客百六十二人全員が犠牲になった、この「雫石事故」は日本航空史上、稀《まれ》に見る痛ましい惨事として多くの人々の記憶に残った。

この事故を教訓として、日本周辺にはこうした悲劇を二度と繰り返さないため、自衛隊、そして在日米空軍向けに数多くの訓練空域を設けるようになった。

関東圏にある米軍用空域としては房総半島沖にある「Ｒ１１６」、さらにその南方の「Ｗ５８９」、あるいは富士山周辺の「Ｒ１１４」などが米軍パイロットたちには馴染《なじ》みの空域となっている。一方、空自用としては能登半島沖の「Ｇ空域」が有名なスポットとされている。

この中で、自衛隊が管理しながら米空軍が「ほぼ自由に使える」（航空自衛隊関係者）のが東京の北部から埼玉県、さらには群馬県の一部にまで広がる「ホテル・エアースペース」である。なぜ「ホテル」という名称で呼ばれるのか、その由来は不明だが、突然の辞任表明で首相の座を手放した安倍《あべ》晋三の後を継いで、四番目の群馬県出身宰相となった福田康夫《やすお》元首相の生家上空も「このエリア内に入っている」と米軍関係者は明かす。

在日米軍のトップに立つライトにとっても、このホテル・エアースペースはお気に入りの練習場となっていた。パイロット専用の緑色のジャンプスーツに身を包み、Ｆ16のコックピットに滑り込んだ瞬間、ライトは即座に「在日米軍司令官」という肩書を忘れ、一人の勇猛なパイロットに変身した。

少し奥まった青い目に特徴的な三日月顎《あご》。いつもはにかんだように笑うライトは屈強な大男が多い米空軍の中にあって、いわゆる中肉中背の類に属する。だからといって、決して「やさ男」の類でもない。そのジャンプスーツの内側には厚い胸板や盛り上がった肩などパイロットに必要な筋肉がぎっしりと詰まっている。

ライトのパイロットとしてのコード・ネームは「オービル」だった。姓が歴史に名を刻んだライト（Wright）兄弟のそれと同じことから、人類史上、初めて飛行機で空を飛んだ「オービル・ライト（ライト兄弟の弟）」に因《ちな》んで付けたお気に入りの名前である。

「OK、オービル、さあ行こうか」

自らにそう声をかけた後、ライトは敵基地掃討を想定した空対地戦闘シミュレーションや、空中で敵機と出くわした際のドッグファイト、地上管制基地とのインフォメーション・システムの確認作業など「基礎的な練習メニュー」（ライト）を次々とこなした。

最後に最新軍事技術を随時取り入れて日々、進化するF16の新たな「機能」のチェック業務を終えると予定の飛行時間はもうほとんど残っていなかった。

米空軍が誇る高性能戦闘機の一つ、F16は青森県・三沢基地を本拠地とする第35戦闘航空団に所属する。沖縄・嘉手納《かでな》基地に配置されているF15戦闘機に対して、俊敏な機動性に優れたこの機体は主として、敵の対空レーダー網をかいくぐり、対空砲火能力、すなわち対空ミサイル基地や、対空レーダー基地を叩《たた》くことに長《た》けているとされる。

一九八〇年代、F16の名を日本で一躍有名にした「事件」があった。日本の航空自衛隊が計画した次期支援戦闘機、いわゆる「FSX（現F2）」問題である。日本の新世代の「ゼロ戦」として、当時の日本の防衛産業の粋を集めようとしたFSX開発には三菱《みつびし》重工業をはじめ、川崎重工業、富士重工業など国内の防衛企業が結集していた。ガリウム砒素《ひそ》を用いた半導体をベースにした「フェーズド・アレイ・レーダー」や、主翼に使う新素材を一体成形する最新技術を取り込んだFSXはしかし、当時のレーガン米政権、および米議会から猛反発を受け、日本政府は当初の「純国産計画」を断念せざるを得なくなった。多くの紆余《うよ》曲折を経て、米ゼネラル・ダイナミックス（GD）社が製造・販売するF16をベースとする日米共同開発にすることで最終決着している。

その後、F2は日本の航空自衛隊の中でも半ば「鬼っ子」扱いされ、当初の生産計画を大幅に下回ったまま、水面下では近い将来の導入が検討されている次世代の支援戦闘機「FX（コード・ネーム）」にバトンを渡す準備が始まっている。一方で、今なお米空軍の主力戦闘機の一つとして一九九〇年代初頭の湾岸戦争や、二〇〇三年の対イラク戦争などで存分な働きを示しているのが、このF16である。

歴戦の兵が顔を揃《そろ》えるF16戦闘機のパイロットたちの中でも一際《ひときわ》、輝きを放っているのが、尾翼に敵防空網制圧を担う「WW（ワイルド・ウィーゼル＝野生のイタチ）」の称号を付けた飛行機に乗るベテラン・パイロットたちである。

一九九一年一月に勃発《ぼっぱつ》した湾岸戦争後、米国をはじめとする多国籍軍がイラク上空に設けた飛行禁止空域（ノー・フライ・ゾーン）でのパトロール飛行をこなしてきたパイロットの多くがその後、三沢の第35戦闘航空団に所属することになった。

米空軍の現役中将（三ツ星）でもあるライトは彼らより一世代前のパイロットだった。冷戦時代、ベトナム戦争などで使用された名機「F4ファントム」のパイロットとして活躍。その後、操縦桿の対象をF4からF16へと替えても、その尾翼から「WW」の二文字が消えることはなかった。

在日米軍を総括する「総司令官」という地位に就いた後も「日本防衛の最前線に立つ一人のパイロット」としての自分を常に意識しているライトは月に二回の実地飛行訓練を繰り返すことを自らに課していた。

多くの将官クラスが昇級・昇進とともに現場から離れていくのに対して、五十代半ばに差し掛かったライトはあくまでも「現場」に拘《こだわ》り続けた。

「常に自分自身をベストの状態にしておきたい。私はパイロットとして『災難ゼロ（zero mishaps）』であり続けたいからだ」

それが口癖のライトは在日米軍司令官として横田に着任した二日後には、かつての古巣であり、「第二の故郷」とまで呼ぶ青森県・三沢へと飛び、F16のコックピットにその身を沈めていた。

それ以降、多忙なスケジュールの合間を縫って自由になる時間を見つけてはF16の本拠地である三沢に軍用機を飛ばし、時にいたずらな気流がパイロットを惑わすこともある東北の空を縦横無尽に駆け抜けた。日米政府間協議などで東京・横田を離れることができない時には部下に命じてF16を三沢から横田に緊急移送し、首都・東京の大空近郊でパイロットとしての本能が衰えていないかを逐次、確認した。

米空軍の規定では実戦に赴くパイロットは常に毎月四回、約一時間の飛行訓練が義務付けられている。在日米軍トップの激務をこなしながら、この規定をクリアするためには最低でも月一回、多いときは月に二回、ライトは三沢に飛び、F16の操縦桿を握らなければならない。多忙な際は二日間、三沢にとどまり、一日に二回の飛行訓練をこなし、現役パイロットとしての「資格保持」に努めた。

実際の戦闘となれば、身体の随所に何Gもの力が加わる過酷なパイロット業務には日々の鍛錬も欠かせない。それが第一線の戦闘機乗りに課せられた当然のルールである。もちろん、そのルールからは最高司令官といえども逃れることはできない。

在日米軍司令部がある横田基地の滑走路を朝露が濡《ぬ》らす早朝、昼食を兼ねたミーティング後、そして日が暮れかけた夕方。ライトは時間を見つけては執務室に近い兵士用のジムに足を向け、二十代、三十代の現役兵士、パイロットらに交じって現役の戦闘機乗りに課せられている練習メニューに寡黙《かもく》な汗を流した。その結果、ライトの鍛え上げた胸板といかつい両肩はベンチプレスで百二十キロをゆうに上げる力を維持していた。

「番犬」からの脱却

「我々の過去の任務、そして未来において果たすであろう任務について、私は誇りに思っている」

二〇〇七年七月二日、在日米軍司令部本部前で行われた司令部発足五十周年式典で、ライトはそう力強く宣言した。

一九五一年、日本はサンフランシスコ講和条約に調印し、国際社会に復帰した。これを受けて一九五七年、マッカーサー元帥《げんすい》が創設した日本占領軍の頭脳拠点・極東司令部は解散し、新たに在日米軍司令部へと生まれ変わった。

それから半世紀。冷戦の終結すら遠い昔に感じられる今、世界を取り巻く安全保障環境は様変わりした。それにつれて、日本と極東の平和と安全を守る在日米軍の頂点に立つ東京・横田の在日米軍司令部もその性格・役割の変革を迫られている。

かつて、反米軍感情が湧《わ》き上がった一九六〇年代、日本の保守派は在日米軍を「少ない予算で効率良く日本の安全保障を担保する存在」と見ていた。

「経済大国・日本の忠実な番犬」――。

椎名《しいな》悦三郎外務大臣は日本国内に根強い反米感情に配慮して、敢《あ》えてそう表現したこともあった。

日本を、その圧倒的な核の傘の下に収め、アジアの共産化を目論《もくろ》むソ連を威嚇《いかく》する。日米同盟と在日米軍は確かに冷戦時代、日本にとっては「番犬」の名にふさわしい役割を演じてきた。

だが、冷戦時代に仮想敵国としていたソ連は崩壊。冷戦終結後は北朝鮮による核・ミサイル開発や、中国人民解放軍（PLA）の軍備近代化が進み、米同時テロをはじめとするテロが相次いだ。ポスト冷戦後と言われる今、国際環境がめまぐるしく変わる中で在日米軍の役割は単に不審者を威嚇し、未然に侵入・暴行を防ぐための「番犬」だけでは済まなくなった。

戦後半世紀を超える経済成長のプロセスの中で、「水と安全はタダ」と思いこんでしまった日本。その同盟国に対して、刻一刻と変わる安全保障環境についてきめ細かく伝授し、的確にリードするにはどうしたらいいか。

ライトが信奉して止《や》まないワシントン政界の日本通、リチャード・アーミテージ元国務副長官や、ジョセフ・ナイ元国防次官補らは、二十一世紀の国際情勢を日米同盟が生き抜く条件として、「情報の共有」をあげた。

北朝鮮による弾道ミサイル発射や核実験の例を見てもわかるように、日本の対外情報収集能力は極めて限定的なものにとどまっている。これを補い、強化し、将来の自立を促す。それなくして、冷戦が終結して二十年以上経《た》った今も「冷戦構造」を残す北東アジアにおいて、日米同盟が「安定装置」の役割を演じることはできない。そうアーミテージらは断じた。

そのためには在日米軍自ら、伝統的な「番犬」の役割を超えなければならない。具体的には「盲導犬（偵察衛星による情報収集）」や「聴導犬（青森県・車力《しゃりき》分屯基地に配置したXバンド・レーダーなどによる電波傍受）」としての新たな使命を自覚しつつ、その生涯を共にする「信頼できるパートナー」として、日米同盟の進化を手助けしていかなければならない、とライトは受け止めたのである。

二〇〇五年二月に在日米軍司令官に就任して以来、ライトが在日米軍司令部の体質変革を急ぐきっかけとなった、ある「事件」が起こったのはその一年ほど前のことだ。

二〇〇三年十一月十六日、沖縄・那覇《なは》——。

時の米国防長官、ドナルド・ラムズフェルドは沖縄県庁の一室で同県知事の稲嶺《いなみね》恵一と会談した。

父ブッシュ政権で国防長官の職にあったディック・チェイニー（後の副大統領）が訪問して以来、十三年振りとなった米軍文民トップの沖縄訪問はしかし、当初からぎくしゃくした空気が充満していた。

ラムズフェルドが提唱した「米軍変革（トランスフォーメーション）」に付随する在

日米軍再編問題について、稲嶺は会談の冒頭から沖縄県内に点在する米軍基地の一層の整理・縮小を要請した。これに対して、ラムズフェルドは「世界中の米軍の基地・部隊を見直している真っ最中であり具体的に返答することはできない」と応酬した。その上で「日米関係が友好だったため多くの利益をもたらした」と述べ、日米安保体制の重要性を強調しながら在日米軍基地の意義を言外に示唆《しさ》している。

だが、在日米軍基地の七五パーセントを県下に抱える稲嶺はなおも食い下がった。席上、稲嶺は普天間飛行場の移設問題を巡り、十五年間の「使用期限」を設定することや、駐留海兵隊員数の削減、演習・訓練場の県外移転、さらに日米地位協定の抜本的な見直しなど七項目の要望書をラムズフェルドに手渡したのである。

あまりの攻勢に途中、椅子《いす》から腰を浮かしかけたラムズフェルドに対して、稲嶺がそれを押しとどめるとラムズフェルドは不快感を隠そうとせず、顔をしかめる場面もあった。

沖縄でのやりとりなどで心中、もやもやとしたものを抱えていたラムズフェルドはある時、滞日中、片時も傍を離れなかった当時の在日米軍司令官、トーマス・ワスコーにこう問いかけた。

「日本における、君の任務とは何かね？」

突然の問いに戸惑いを覚えながら、ワスコーは即答した。

「日本政府の高官や政治家の方々と日々、意見交換に臨んでおります。後はパーティーに出席するなどソーシャル（社交的）なこともあります」

模範解答を終えたつもりになっていたワスコーは次の瞬間、全身をこわばらせることになる。

「それだけかね……。ならば、在日米軍司令官というポストはもう必要ないな」

多くの在日米軍関係者が「あの時は凍りついた」という場面は当然のことながら、ワスコーの後任となったライトにも克明に伝えられた。

「在日米軍司令官の仕事とは何か?」――。

この「事件」を聞いて以来、ライトは自らの任務について、何度も自分に問いかけた。結果、たどり着いた一つの結論。それは可能な限り、「自分は日本における、米国防総省の代表（representative）」として振舞うということだった。

「一九五七年の発足以来、在日米軍司令部の使命は何ら変わっていない。過去十五年間で、大きな二つの戦争（湾岸戦争、イラク戦争）があったが、日米両国は共同でそれに対処し、共通の価値観を持つようになった」

と見ていた。

そう言い切るライトは、冷戦終結後も在日米軍の本来任務に本質的な変化はない、

「冷戦時代からアジア太平洋地域においては、強大な軍事力を保有する共産主義と対峙《たいじ》することに大きな眼目が置かれていた。冷戦終結で、それは大きく変わったようにも見えるが、中国の軍備近代化や北朝鮮の核・ミサイル問題を考えれば、実体はそれほど変わっているとは言えない」

「日本ではいつも多くの物事を教えられる」というライトだが、日本に残る「在日米軍＝悪」というステレオタイプ的な見方には少なからず心を痛め続けた。

「(新聞、雑誌などに)否定的な見出しが躍るたび、日本防衛のために米本土からやって来る若者をどれほどがっかりさせることか……」

その一方で、ライトは自らの襟を正す意味で、部下に対して何度もこう諭し続けてきた。

「いつでもどこでもプロフェッショナルたれ(Be always professional.)。そして、モラル・コミットメント(moral commitment)を堅持せよ」

司令官の多忙な一日

「これで四回目になるが、また日本に行ってくれないか」

二〇〇五年初め、ライトは在日米軍司令官兼第5空軍司令官の任を拝命した時、ある種、運命的なものを感じずにはいられなかった。第5空軍は横田に司令部を置き、アジア太平洋全域をカバーする空輸補給部隊を統括している。

それまでに勤務した三つの基地——沖縄・嘉手納、東京・横田、青森・三沢——はいずれ劣らず、日本、そして極東の空を守る米空軍有数の戦略拠点として米軍内で知らない者はいない。

その全《すべ》てに駐留した経験を持つライトは米空軍の中でも自他共に認める「日本通」として知られていた。その経歴を見れば、ライトが在日米軍トップに任命されるのも必然とさえ思われた。

だが、ライト自身は当初、「四度目の日本行きはないだろう」と見ていた。にもかかわらず、舞い込んだ「第二の故郷」への招待状。二つ返事で引き受けるとライトは遠い昔、九州から米国に移住した日本人の曾《そう》祖母を持つ夫人に報告した。横田だけでなく、新宿や銀座の街並みを懐《なつ》かしんでいた夫人も夫の日本転勤を心から歓迎し、今回も同行することを即座に夫に告げた。

二十一世紀に入り、新たな使命を帯び始めた日米同盟。その最前線に立つ重圧は米空軍切っての「ジャパン・ハンド（米政府・軍の中で対日政策をリードする人々）」と言われたライトにとっても想像がつかないほどだった。

「身の毛もよだつような核兵器の応酬に備えていた冷戦時代」は幸運にも過ぎ去った。一方で、人類は世界各地に大きな悲劇をもたらした二つの大戦を経験している。

「第一次大戦はほんの小さな出来事から始まった。第二次大戦前、我々は（ナチス・ドイツの）ヒトラーの出現を予測することもできなかった」

そうした悲劇を二度と繰り返してはならない。地上最強と言われる米軍の一翼を担《にな》うライトは胸にそう誓った。

「ある特定の脅威」に向けてではなく、悲劇を未然に防ぐ「抑止の力」として、在日米軍は存在している。ライトは在日米軍の存在の意味をそう解釈し、後進にもそう説き続けた。


早朝、午前六時。在日米軍司令官の一日はこの時間から始まる。まず、自宅の書斎でパソコンを開き、世界中から舞い込むメールをチェックする。

その送り主は多様だ。米側からは米軍を統括する制服組トップが集結する統合参謀本部（JCS）や、文民トップとして米軍全体に睨《にら》みを利《き》かす国防長官室（OSD）

から日々の同盟管理に関するメッセージが送られてくる。一方で、米太平洋軍司令部（PACOM）、米太平洋艦隊、米太平洋空軍（PACAF）らに君臨する四ッ星（大将）、三ツ星（中将）らからは日本の自衛隊との連携や、最新の朝鮮半島情勢や台湾海峡情勢などを巡る意見交換が次から次へと飛び込んでくる。

日本側でも自衛隊制服組トップの齋藤隆統合幕僚長らと連日のようにメールを交換し、必要に応じて受話器を取り上げる。

意外にも在日米軍司令官は自宅の書斎にあるパソコンや電話に盗聴防止などの「セキュリティー対策」を施していない。

それゆえ、米軍の機密事項に関するやりとりは一切、ご法度《はっと》。にもかかわらず、早朝からこれだけのコミュニケーションをこなさなければならない。洪水のように押し寄せる様々な情報を瞬時に捌《さば》き、頭にインプットする「瞬発力」が在日米軍司令官には常に求められている。

多忙な朝を締めくくるのは米国に残してきた愛娘《まなむすめ》へのラブ・メッセージ。ライトは毎日欠かさずメールを書き、時には電話をかけた。不在の場合は「アイ・ラブ・ユー」のメッセージを必ず留守番電話に残す。日本防衛の最前線に立つ司令官が一人の父親に戻る瞬間だった。

ライトの典型的な週間スケジュールは以下のようなものだった。

月曜日　在日米軍司令部で幹部ミーティング
火曜日　東京・赤坂の米大使館で軍事・政治担当者会議に出席
水曜日　青森・三沢基地に飛び、現地の司令官クラスと意見交換、三沢市長訪問
木曜日　日米防衛懇話会出席
…

こうしたスケジュールの合間を縫って、ライトは太平洋軍司令部（PACOM）司令官のティモシー・キーティングや、在韓米軍（USFK）司令官のバーウェル・ベルらと特設電話で常時連絡を取り合い、アジア太平洋地域の安全保障環境に目を光らせた。

その頻度について、ライトは「ハワイのPACOMとは週に三、四回。ソウルとは週に一回は連絡を取り合う」と説明していた。

在日米軍司令官の自宅は司令部から目と鼻の先の「ケニー・コート」と呼ばれる一角にある。隣人は在日米軍副司令官と参謀長の二家族だけ。在日米軍最高首脳が顔を揃《そろ》える横田基地随一の「高級住宅地」だが、外見は殺風景だ。決して大きすぎず、かといって小さすぎもしない自宅からライトが徒歩で数分とかからない仕事場へと向かうのは毎朝、午前七時過ぎのことだった。

横田基地のほぼ中心部に位置する在日米軍司令部の本部はいたってシンプル、かつ華奢《きゃしゃ》な外観である。かつて昭和の時代には東京都内のいたるところにあった無機質な公団アパートと言ってもいいぐらいの見栄《みば》えである。

カタカナの「コ」の字形を変形させたような二階建ての白塗りのビルで、向かって左側はライトが司令官を兼務する第5空軍の司令部。その右側に日本に駐留する陸、海、空、それに海兵隊の四軍を統括する在日米軍司令部の本部がある。

ここを中心に横田基地全体で四百人弱の米軍職員、そして二千人強の日本人職員が勤務している。

正面玄関を入って真向かいにある階段を二階に駆け上がると、執務室はもう目の前だ。いつものように勢い良く駆け込むと居並ぶスタッフ、秘書にライトはまず一声かけた。

「何か起こっているか（Is there anything happening）？」

やや長めの長方形をした執務室の中央には大きな執務机。その横には大きな星条旗が掲げられている。最新の薄型液晶テレビはいつでも二十四時間放送の米ケーブルニュースにチャンネルがセットされている。

午前七時半、在日米軍副司令官、参謀長、そして通称「Jヘッズ（J‐Heads）」と呼ばれる佐官クラスがライトのオフィスに集結する。

「Jヘッズ」とは在日米軍司令部を構成する主要ユニットの責任者を指す。その内訳は「J1（人事管理部門）」や「J2（課報部門《ちょうほう》）」「J3（作戦計画）」「J4（兵站《へいたん》）」「J5（政策）」「J6（通信・統制・コンピューター）」の全部で六つ。これに広報部門（J021）の責任者（大佐クラス）など第二ランクの「J部門」のヘッドたちが随時加わり、その日ごとに日本を取り巻く安全保障環境の状態、日米政府間の会合、日米合同訓練の内容、本国政府とのやり取りなど必要事項について確認していく。

正午、幾つかの会合をこなしたライトは昼食を早めに切り上げると司令部ビルの横にあるジムへと足を向けた。ここで一時間半近くに亘《わた》り、たっぷりと身体《からだ》を苛《いじ》め抜いた後、午後のミーティングへと向かう日々が続いた。

トロイカ体制

在日米軍トップの司令官は空軍、ナンバー2の副司令官は海兵隊、そしてナンバー3にあたる参謀長（Chief of Staff）は陸軍――。

現在の在日米軍指導部は三人。この「トロイカ体制」が確立したのはわずか数年前のことである。

終戦直後に東京で発足した極東司令部当時、日本に駐留する米軍トップは言わずと知れた米陸軍の大物、ダグラス・マッカーサーだった。以来、同司令部のトップにはいずれも米陸軍の「四ツ星（大将）」が就いてきた。その後、在日米軍司令部発足と同時に、横田に駐留する米第5空軍の司令官が在日米軍司令部の司令官ポストを兼務するようになった。以来、在日米軍司令部トップの任務は陸・海・空三軍の中で、米空軍に属する「三ツ星（中将）」が担《にな》う体制となっている。

トロイカ体制以前、在日米軍は「ツー・トップ」体制だった。すなわち、司令官ポストには空軍の三ツ星が就任し、副司令官兼参謀長には海兵隊の二ツ星（少将）が就いていた。

後に米軍制服組トップにまで登り詰めたピーター・ペース前統合参謀本部議長が一

九九〇年代半ばに在日米軍副司令官のポストに就いていた当時、ナンバー3にあたる参謀長の任務を兼任していたはずだ、とある米軍関係者は回想する。

しかし、沖縄米軍普天間基地の移設問題など日本に駐留する海兵隊基地に関する問題が続出する中で、海兵隊を代表するナンバー2のポストは比重を増した。結果、三軍のバランスを取る格好で、参謀長のポストを独立させ、「陸軍の大佐クラスを充《あ》てることにした」（在日米軍関係者）という。

そうした経緯から発生した在日米軍のトロイカ体制における役割分担は明確だ。トップのライトは前述したように総合的な調整、東京・赤坂にある米大使館との折衝や、時に防衛省、自衛隊トップとの会合にも顔を出す。

これに対して、ナンバー2の副司令官は在日米軍基地に関する日々のオペレーションや日本政府との折衝など、日常業務を担当。ナンバー3の参謀長は、在日米軍司令部の中枢《ちゅうすう》である「Ｊヘッズ」の総括を任されている。

ちなみに在日米軍司令官を示すコード番号は「Ｊ00」。以下、副司令官が「Ｊ01」、参謀長が「Ｊ02」となる。

先述したＪヘッズ・ミーティングでもこのトロイカ体制は機能している。たとえば、月曜日の会議ではナンバー3の参謀長が議長となり、その前週の出来事やその週に予想されるイベントなどについて意見交換がなされる。火曜日の会議では司令官が議長となり、長期的な課題、優先事項などが確認されるほか、一ヵ月後、二ヵ月後、三ヵ月後などの期間ごとにそれぞれ達成目標などを確認する。そして、金曜日の会議では副司令官が議長となり、詳細なデータなどについて討議する、という段取りである。

在日米軍再編問題に揺れた二〇〇三年から〇五年にかけて、このトロイカ体制は文字通り、フル回転した。中でも伝統的な役割分担の枠を超えて、ライト顔負けの活躍を見せたのが二〇〇七年夏までナンバー2の座にあった海兵隊の大男、ティモシー・ラーセン少将だった。

ブッシュ政権下でドナルド・ラムズフェルド国防長官が号令をかけた「米軍変革」について、ラーセンはワシントンの国防総省やハワイ・ホノルルにある太平洋軍司令部と日本の外務省、防衛庁（当時）、統合幕僚監部（旧統合幕僚会議）などの意見を集約、調整する取りまとめ役として奔走した。

「主要な局面において、ラーセンさんはいつも米海兵隊の意向を代弁するという立場だった」

小泉政権で防衛庁長官として、米軍再編協議の陣頭指揮を取った大野功統《よしのり》はそう振り返る。

日米協議において、ナンバー2のラーセンは常に「バッド・コップ（悪い警官）」の役割に徹した。それに対して、司令官のライトは「いつも物分りが良かった」（大野）。

善玉、悪玉を演じ分ける二人が「アメとムチ」のように交互に入れ替わり、交渉相手を自分たちのペースに巻き込んでいく。米国だけでなく、日本でも古典的とされる交渉術では常に「悪玉役」が割を食うことが多い。

実際、大野のラーセンに対する印象も「いつも海兵隊の意向を代表している、という感じだった」と手厳しい。

一方のライトは常に大野を笑わせる役に徹していた。

二〇〇五年六月、硫黄《いおう》島での日米合同慰霊祭に出席した際、ライトは移動中のバスでわざわざ大野の隣に座り、同乗していた首相の小泉純一郎に「大野さんは私の『センセイ』です」と話しかけ、大野を喜ばせている。

一方のラーセンは日本本土・沖縄に駐留する海兵隊を代表する責任者として、進んで「嫌われ役」を演じ続けていたフシすらある。

二〇〇五年三月三十一日午前、ラーセンは在日米軍司令部二階にある執務室の受話器を取り上げ、外務省北米局で対米軍折衝役を務める梅本和義参事官を呼び出した。

「明日以降、イラクに派遣していた在沖縄海兵隊のうち、普天間飛行場所属のヘリ部隊が帰還する予定だ」

翌四月一日から沖縄に帰還するのは第31海兵遠征部隊ヘリ中隊の約二十機。それに伴い、兵員約二千人も帰還する、とラーセンは梅本に告げた。

ラーセンの通告に地元・沖縄は即座に身を固くした。通常、普天間基地には五十六機の海兵隊ヘリが配備されているが、〇四年二月以来、イラクに相次いで派遣されたため、一定期間ヘリは不在となっていたためだ。

「また、あの恐怖が舞い戻ってくる……」

日米同盟の「のど元の骨」とまで言われた普天間基地。反基地感情が渦巻く地元に対して、「ヘリ部隊帰還」を告げなければならないラーセンの心情は複雑だった。

伏線はその前年の二〇〇四年八月に海兵隊所属の軍用ヘリが宜野湾市内で起こした墜落事故にあった。

二〇〇四年八月十三日午後二時十五分――。

宜野湾市内にある沖縄国際大学敷地内に普天間基地所属の大型輸送ヘリ「CH53D」一機が墜落、炎上した。搭乗していた海兵隊員三人のうち一人が重傷、二人が軽傷を負った。不幸中の幸いだが、付近の住民にけが人はなかった。

「(事故機の) パイロットは良い仕事 (good job) をした」

事故直後、在日米軍司令官だったワスコーは現場を視察して思わず、そう漏らした。何らかの原因によって不備が生じたヘリを何とか安全な場所にまで持ち込み、機体、および建物の損傷という「最小限の被害」だけで済ませたのは奇跡に近い。その技量と状況判断を称賛する意味合いから出た軽率な言葉だった。

これに地元は強く反発した。

「一歩間違えれば大惨事を招きかねない深刻な事故を起こしておいて、あの言い草は何だ……」

事故後、米軍側が取った対応も地元の怒りに油を注いだ。沖縄県警は事故当日、即座に対策本部を設置し、被疑者不詳のまま航空危険行為処罰法違反容疑で現場検証の令状を取った。しかし、在沖縄米海兵隊法務部は十七日朝、県警が同意を求めた墜落現場の検証要請を拒否。県警に提出した文書の中で米側は「日米両国の合意事項に基づいて (検証には) 応じられない」と述べ、「日米地位協定」や「日米合意議事録」を検証拒否の理由として列挙したのである。

事故から十日以上たった二十五日夕、首相の小泉純一郎は首相官邸で沖縄県知事の稲嶺恵一と相対していた。

「今回の事故は県民感情として我慢できないものがある」

席上、そう切り出した稲嶺は再発防止策が確立されるまで、普天間基地の全機種の飛行停止や、日米地位協定の見直しなどを要請した。だが、小泉は「沖縄の苦しい状況、厳しい状況はわかります」としながら、「関係省庁と相談していい方策を考えたい」と述べるにとどめている。

イラクから帰還するヘリの中には、墜落事故を起こしたヘリと同型のものも六機含まれている。こうしたことを背景にイラクに派遣した米海兵隊の沖縄帰還について、稲嶺らは政府に「沖縄に帰還させないように」と要請していた。

「昨年八月のヘリ墜落事故を受けた地元の感情に十分配慮し、安全には万全を期してほしい」

地元感情に配慮して、自らの通告にそう応答する梅本に対して、ラーセンはこう応じた。

「飛行前チェックには万全を期す。ヘリ運用は必要不可欠なものにとどめる」

ラーセンの電話通告から一夜明けた二〇〇五年四月一日朝、沖縄近海の強襲揚陸艦を発艦した海兵隊所属の軍用ヘリは午前八時過ぎから爆音を響かせて、宜野湾市街地上空を横切りながら、相次いで普天間基地に着陸した。

東京・南麻布にある米軍専用の「ニューサンノー・ホテル」――。

数々の日米交渉の舞台となったことでも知られるこのホテルの敷地内は、日米間の政府間取り決めによって、在日米大使館や在日米軍基地と同様、「米国本土」として扱われている。

ホテルのゲートには常に屈強なガードマンが立ち、出入りする人間の身分チェックを怠らない。一歩、ホテル内に入るとそこはある種、別世界である。内部の家具、雰囲気はもちろんのこと、売店で売っている品々や内部に流れる空気の匂《にお》いまで、そこは紛れもなく日本ではなく、「アメリカ」そのものである。

そんなホテルの二階にある、在日米軍司令部専用の会議室で、ラーセンは上官のライトとともに防衛庁長官の大野や、防衛事務次官の守屋らと何度も会合を重ねた。

在日米軍基地の再編問題を巡る交渉がピークに達していた二〇〇五年から〇六年にかけて、この四人は多忙なスケジュールを縫ってはニューサンノー・ホテルで会合を重ね、沖縄・海兵隊のグアム島移転問題や、横田地域の米軍管制空域の問題、さらには米軍横田基地の軍民共用化問題などについて意見を交換している。

そうした場でラーセンが決まって発するのは「（本国政府などに）相談してみる」という言葉だった。日本側がどんなに強く迫っても、ラーセンは「柳に風」といった対応で受け流し、決して言質《げんち》を与えようとはしなかった。

「いつもある種のもどかしさを感じていた。ライト司令官はある程度、日本の事情というものをわかっている印象だったが、ラーセン副司令官はとにかく米軍中心に物事を考えるといった風だった」

当時、日本の国防政策を統括していた大野をして、そう言わしめたラーセンは最後まで筋金入りの「バッド・コップ」であり続けたのである。

ラーセンは自らの軍人生活を締めくくる「大仕事」として、米軍変革に端を発した在日米軍再編問題協議、いわゆる「DPRI（防衛政策見直し協議）」の推進に全力を注ぐことを決めていた。

日米同盟体制にとって、最も頭が痛いのは沖縄に多数存在する米軍基地を巡る問題である。とりわけ、血の気が多い若者を多数擁する海兵隊部隊は時に地元・沖縄との軋轢《あつれき》の原因ともなりやすい。勢い、海兵隊の代表として、ラーセンが「日本版米軍変革」、すなわち米軍基地の整理・縮小・削減という難問を担当することはある種、自然な流れでもあった。

ライトと並び、日本通と称されたラーセンの手腕について、日本政府の多くの関係者は「あの人だからこそ、あそこまでできた」と口を揃《そろ》える。ライトですら一目置いたと言われるラーセンの秘密。

それは東京・目黒にある防衛省・自衛隊のシンクタンク、防衛研究所（防研）に端を発している。

国際情勢や軍事問題の研究者を多数擁する頭脳集団である防衛研究所では自衛隊の幹部らを対象に「一般課程」という研修コースを設置しているが、同時に一九八一年から現在までに米欧・アジアなど十三ヵ国から合計で百三十人以上の外国の軍・国防省幹部を留学生として受け入れている。

その一人として九二年秋に防研の一般課程（四十期）に身を置いたラーセンは後に「あの時築いた人間関係がいま大いに役に立っている」と周囲に漏らしていた。

約一年間の研修中、ラーセンは留学生として講義やゼミ、全国各地への研修旅行などを精力的にこなし、日本への理解を深めると同時に日本の外交・安保サークルに独自の人脈を築いていった。その際、親交を深めた日本人同期生の多くは後に、自衛隊の高級幹部として名を連ねた。

一般企業に比べ、いずれの国でも軍隊組織では「同期意識」が一際《ひときわ》強い。その同期意識を追い風として、ラーセンは日本国内に独自の人脈を築き、それをフルに活用して、DPRIプロセスの前進を試みたのである。歴代の在日米軍幹部の中で、防衛省・自衛隊に「最も強い人的パイプを持つ一人」とされたラーセンにとって、まさしくDPRI調整官は「はまり役」だった。

「仕事上のパートナーが同期というだけで、さまざまな壁を一気に越えて協力を進められる」

DPRIプロセスを仕上げ、引退を間近に控えたラーセンは満足げにそう呟《つぶや》いた。

その執務机には引退直前まで防研の同期生名簿が大切に保管されていたという。敬虔《けいけん》なモルモン教徒としても知られるラーセンは二〇〇八年、故郷・ユタ州に戻り、民間人として第二の人生を歩み始めている。

「とにかく、海外に飛び出して、自分の見聞を広げてみたい」

今から三十年近く前、在日米軍司令部ナンバー3の参謀長、ジェリー・ブラウン(陸軍大佐)は大学卒業を間近に控え、故郷のサウスカロライナ州にある大学のキャンパスで自らの「未来予想図」を頭の中でぼんやりと描いていた。

「確かに海外には出たい。しかし、そこで一体、自分は何をしたいのか。どんな職業が自分には向いているのだろうか……」

そんな自問を繰り返していたブラウンをある日、一人の男が呼び止める。「軍隊に入ってみないか?」

初めは相手にしなかった。が、なぜかその言葉がいつまでも心に響いて消えない。翌日もキャンパスの同じ場所に立っていた男にブラウンは思わず尋ねた。

「軍隊に入ったら、世界に飛び出せるだろうか?」

それから数年後、ブラウンは軍人として西ドイツに駐留。以降、欧州に三度駐留し、冷戦時代の欧州安保の最前線に立ち続けてきた。

転機は思わぬ所で待っていた。二〇〇四年、南太平洋・マーシャル諸島にある米陸軍の拠点に派遣され、地対空ミサイルの実射テストを任されていたブラウンは「そろそろ、ハワイかテキサス州のサンアントニオに呼び戻されるだろう」と踏んでいた。だが、意外にも上司は「次は日本に行ってほしい」と告げた。

二つ返事で日本の地を初めて踏んでから一年ほどが過ぎた二〇〇五年夏、ブラウンは「アジア太平洋地域がかつてとは比べ物にならないほど重要になっている」ことを日々、実感するようになった。

「欧州時代の任務はもっと単純だった。たった一つの脅威（旧ソ連）を想定していればよかった。だが、アジアは違う。多くのシナリオを想定し、これまで以上に柔軟な態勢でいなければばならない」

冷戦時代からアジア太平洋地域の「安定装置」の役割を演じてきた日米同盟。だが、ブラウンはその上官であるライト、ラーセンと同じく、「地球規模の観点から見て、その質も任務も変わりつつある」と結論付けていた。

その一翼を担《にな》う日本の自衛隊について、ブラウンは「とてもプロフェッショナル」と高く評価する一方で、その任期中、厳しい目を向け続けた。

有事の際、同盟力の決め手となるもの。それは軍事技術、兵器、通信、そして戦略における「相互運用性（インターオペラビリティー）」である。先の対アフガニスタン戦争、そしてイラク戦争で近代戦争のあり方を全世界に見せ付けた米軍の最前線を預かる一人として、ブラウンは「欧米同盟に比べ、日米同盟にはまだ実戦に向けたインターオペラビリティーが十二分に確立されていない」と懸念《けねん》した。

「欧州では（同盟各国と）数多くの訓練をこなしてきた。ここ（日米同盟）では正直、まだそのレベルには達していない」

二〇〇七年十月、在日米軍司令部を支えるJヘッズの取りまとめ役という大役を無事に終え、米本土に戻ったブラウンは最後にこんな言葉を残している。

「日米の制服同士の信頼関係はとても良好。あと三年から五年も経《た》てば、日米間にも（米欧間と同じレベルの）相互運用性は確立できるだろう」

エリート・コース

冷戦時代、巨大な組織の集合体である米軍の中で、極東のはずれに位置する在日米軍はあまりメジャーな存在ではなかった。だが、二十一世紀の今日、新たな大国として急速に存在感を増す中国の台頭や北朝鮮の核問題が深刻化する中で、在日米軍の位置付けも急速に変わりつつある。

これまで「上がり」に近いポジションだった在日米軍司令官が米軍組織内でさらに昇進するケースや、将来を約束されたエリート将校たちが在日米軍に赴任してくる例が増えているのである。

「また、よろしくお願いします」

二〇〇七年一月末、銀髪の米国人紳士が東京・市ヶ谷の防衛省などをお忍びで訪れた。この人物の名前は米北方軍司令官（海軍大将）、ティモシー・キーティング。米同時テロを契機として、ブッシュ大統領が鳴り物入りで発足させた国土防衛のための

「米国守備隊」の総責任者である。

米本土を守る要《かなめ》の人物が何の目的で東京に足を運んだのか。その謎《なぞ》は数日後に解ける。同年二月二日、ドナルド・ラムズフェルドの後を継いで米国防政策の最高責任者である国防長官となったロバート・ゲーツはアジア太平洋地域を管轄《かんかつ》する太平洋軍の次期司令官にキーティングを指名するよう、ブッシュ大統領に推薦したと発表した。

その時点で現職の太平洋軍司令官だったウィリアム・J・ファロンが、イラクなど中東地域の作戦を指揮する中央軍司令官に指名されたことを受けての人事政策だった。

キーティング来日の公式名目は、神奈川県・横須賀《よこすか》に駐留する第7艦隊の戦闘部隊司令官、ダグ・マクレーン（海軍少将）の交代式出席。しかし、その本来の目的は新たな太平洋軍のトップとして、日本の防衛省・自衛隊関係者とのパイプを再整備することにあった。

一九九〇年代後半、キーティングは第7艦隊の中核的存在である空母「キティホーク」を中軸とする第5空母群の司令官を務めている。広大な太平洋を一手に引き受ける太平洋軍司令官という要職に就いたキーティングは、米軍上層部の中で急速に増えつつある「在日米軍OB」の一人に数えられるのである。

だが、こうした傾向は過去数年内に始まったもので、冷戦時代は正反対の空気が在日米軍経験者を取り巻いていた、とライトは振り返る。

ライトによれば、従来、在日米軍司令官をはじめとする日本駐留のポストは決して高いものではなかった。米空軍では中将クラスにあたる司令官でも米軍組織内においては、「引退間際」（ライト）に近い響きがあった。

だが、依然として抜本的な解決の道筋が見えない北朝鮮の核・ミサイル開発問題や、台湾での有事を想定して軍備近代化を急ピッチで進める中国人民解放軍の動きなどをにらみ、米軍関係者の間では「二十一世紀の戦略拠点」としての在日米軍の重要性が増している。

それに連動する形で、在日米軍指導部のポストも重みが増し、そのOBたちが米軍組織で「もう一つ、上」を目指すケースが急増している。

その象徴的存在として誰もが真っ先に挙げるのが先に現役を引退し、現在は米国防大学で世界各国から集結した米同盟国の士官クラス向けの教壇に立つ元統合参謀本部議長（空軍大将）のリチャード・マイヤーズである。

「目前にタフな挑戦が待っている。ブッシュ大統領が描く米軍を構築するため、腕まくりして働きたい」

二〇〇一年八月二十四日、休暇先のテキサス州クロフォードでジョージ・W・ブッシュ大統領が開いた記者会見で統合参謀本部議長の指名を受けたマイヤーズはそう述べ、議長職への意欲を見せた。

歴代統合参謀本部議長は冷戦終結後の一九九〇年代はすべて、陸軍出身だった。当時の国務長官だったコリン・パウエルを筆頭にジョン・シャリカシュビリ、ヘンリー・シェルトンと続いた。これに対して、マイヤーズは空軍出身者。空軍の四ツ星（大将）として米軍トップの議長に就任するのは一九七八年以来、ほぼ二十年ぶりのことだった。

マイヤーズは一九六五年に初入隊。その数年後、戦闘機乗りとしてベトナム戦争に参加した。通算すると四千時間を超えるパイロットとしての飛行経歴を引っさげて、一九九三年には在日米軍司令官に就任した。

士官学校出身ではなく、経営修士号を持つという異色の在日米軍司令官として知られたマイヤーズが最も神経を使ったのは、就任二年目の九五年に沖縄で発生した米兵による少女暴行事件だった。

「あれは本当にとても、とても悲しい出来事だった……」（マイヤーズ）

事件発覚後、事後処理に奔走したマイヤーズは当時、目《ま》の当たりにした沖縄での反米軍基地感情に強い衝撃を覚えた。以来、アーミテージらとともに日米同盟を堅持するための知恵として、沖縄での米軍用地削減の必要性を米安保・外交サークルで唱え続ける一人となった。

一九九六年に日本を離れたマイヤーズはその翌年からハワイにある太平洋空軍（PACAF）の司令官に就任。その後、弾道ミサイルによる攻撃などを念頭に米本土の防衛にあたる宇宙軍（コロラド州）の司令官や、ワシントンにある統合参謀本部で副議長などを歴任した。こうした経験を通じ、マイヤーズは二十一世紀の安全保障政策には不可欠となったミサイル防衛計画や、サイバー戦争に関する造詣《ぞうけい》も深めていったのである。

ブッシュ政権が最重要課題に掲げるミサイル防衛計画を推進するための政治的人事――。

指名当初、マイヤーズの議長就任人事にはそうした揶揄《やゆ》も飛び交った。だが、その背景にはミサイル防衛だけでなく、日本をはじめとするアジアへの知識が二十一世紀の米軍トップには欠かせないとの思惑もあった、と当時の米政府関係者は指摘する。

見上げるほどの長身で、ハーレー・ダビッドソンの大型オートバイを乗り回すのが趣味のマイヤーズは長い歴史を誇る米軍の中でも、在日米軍司令官を経てトップの座にまでたどり着いた初のケースだった。

「マイヤーズ人事」によって、米軍関係者の間に広がった「在日米軍＝エリート・コース」というイメージは、マイヤーズの後任として統合参謀本部議長に就任したピーター・ペース海兵隊大将によって、決定付けられた。

「将軍の人生はアメリカン・ドリームそのもの」

二〇〇五年四月、指名を発表する記者会見の席上、ブッシュがそう指摘するとペースは「信じられない瞬間」と応じながら、こう述べた。

「取り組まなければならない課題は手ごわいが、われわれにはそれに立ち向かうだけの能力があると信じている」

マイヤーズとは対照的に海兵隊のトップとしてはやや小柄な部類に属するペースはイタリア系移民の「たたき上げ」として知られる。米軍での振り出しは前任のマイヤーズ同様、ベトナム戦争。その後、いくつかのポストを経て、一九九四年から二年間、在日米軍ナンバー2のポジションである副司令官として横田の司令部に勤務している。

海軍士官学校を卒業後、すでに泥沼状態となっていたベトナムではライフル小隊を率いた。一九九三年に赴任した内戦下のソマリアでは、統合チーム副司令官に就任。その後、順調に米軍組織の階段を上り、在日米軍副司令官、南方軍司令官などを経て、米同時テロ発生直後の二〇〇一年十月に米軍ナンバー2の統合参謀本部副議長へと昇格した。

「良き指揮官であろう、正しいことをしようと努力すればするほど報われる」

ペースは若い海兵隊員向けの演説でそう述べ、真摯《しんし》で温厚な人柄を垣間見《かいまみ》せた。その執務机の上には、初めて失った部下の写真がいつも大切に置かれていた。

在日米軍副司令官当時は沖縄米軍基地の整理・縮小問題や、「新たな日米防衛協力のための指針(新ガイドライン)」策定作業にも携わったペースだが、当時はあまり目立つ存在ではなかったという。

「副司令官当時は日米協議の場でも寡黙《かもく》で、熱心に協議内容をメモしていた姿が印象的だった」(外務省幹部)

ブッシュ政権末期、泥沼化したイラク情勢のあおりを受けて、ペースは志半ばで議長退任を余儀なくされた。それでも在日米軍司令官に次いで副司令官経験者が初めて米軍トップの座にまで上り詰めたペースの例は、人的パイプの脆弱化《ぜいじゃくか》が叫ばれる日米同盟の中で、軍対軍(military to military)の交流を深めるという意味で大きなプラス効果を生んだことは間違いない。

米軍組織内における「在日米軍人脈」の拡大、格上げといった傾向は「ここ四、五年のこと」（在日米軍関係者）と言われる。それは現在の日米の同盟体制を磐石《ばんじゃく》にするだけでなく、全般的な日米関係を支える人脈・パイプを整備する上でも大きな意味を持つ。

ライトによれば、在日米軍人脈はワシントンにある国防総省内だけではなく、アジア太平洋地域全体にも特別なネットワークとして広がっている。

米空軍幹部の例を見れば、二〇〇七年夏の時点でハワイ（ポール・ヘスター太平洋空軍司令官）、韓国（ステファン・ウッド第7空軍司令官）、日本（ライト）というアジア太平洋の要所に位置する米空軍司令部のトップはいずれも青森県・三沢基地にある第35戦闘航空団の司令官ポストを経験している。

北東アジアで有事が発生した際、こうした目に見えない人的ネットワークが有形無形のアドバンテージを生み出していくのである。

これまで日米関係は国務省の日本専門家や、日本学を専攻する学者を中心とした人的ネットワークで支えられていた。だが、バブル経済崩壊以降、日本研究もかつての勢いを失い、国務省でも世代交代が進んでいった。その結果、かつて「菊クラブ」と呼ばれた、彼らのような日本専門家集団も急速にその数を減らしているのが実情だ。

こうした風潮を背景に、日米同盟の「空洞化」を懸念《けねん》する声も増える中で、在日米軍人脈は同盟を支える重要な柱として貴重な役割を担《にな》おうとしている。北東アジア情勢の見通しが不透明さを増す中、米側で新たな知日派を育成する土壌となっている在日米軍司令部は、日米関係の「空洞化」を回避するという文脈においても必要不可欠な存在となりつつある。

日米一体化の現実

ドアを開けると、薄暗い部屋の中央部に設置された巨大な液晶スクリーンが目に飛び込んでくる。作業用の机に並ぶコンピューターの一画面には第7艦隊をはじめとする在日米軍戦力の動静が映し出され、別のコンピューターでは日本本土を取り巻く安全保障環境を一目で見ることもできる。

敷地内の識別番号「714」が割り振られた、在日米軍司令部地下の一室――。そこは質素な二階建てのビルの住人の中でも、ごく限られた人間だけが行き来できる秘密の「聖域」だった。

最新のセキュリティー・システムと二十四時間体制の監視カメラで厳重にガードされた扉の向こう側には在日米軍司令部だけでなく、自衛隊の統合幕僚監部から選び抜かれた軍事エリートたちが椅子《いす》を並べて、日本防衛に関する最新の軍事関連情報を一元管理している。在日米軍司令部に勤務する米軍関係者でも「J2（諜報《ちょうほう》部門）」と「J3（作戦計画）」に所属する人間以外、自由な往来を許されない「秘密の部屋」とされる。

在日米軍関係者の間では通称「ジョック（JOC）」と呼ばれる、この秘密の部屋の正式名称は「統合司令センター（Joint Operation Center）」。昼夜の区別なく、二十四時間体制で日本の安全保障環境に目を光らせているJOCには最高責任者・ライトも常時、足を運ぶ。平日はもちろんのこと、「土曜、日曜の週末にも必ず一度」（ライト）は司令センターに顔を出し、日本を取り巻く周辺情勢の変化に五感を研ぎ澄ましている。

先述しているように、一見すると地上二階建てに過ぎない在日米軍司令部ビルだが、実はその中枢《ちゆうすう》部分のほとんどを地下に隠していると言われる。

その内部は地下一階と二階に分かれ、激しい爆撃にも耐えられるような構造だ。在日米軍の頭脳とも言えるJOCは地下一階部分にあるとされるが、地下二階について在日米軍関係者でも内情を知るものはごくわずか。

「地下三階、四階もあるという噂《うわさ》も聞いたことがある……」

そう漏らす在日米軍関係者もいる。

日本ではとかく「基地再編」と同じ文脈でだけ語られることが多かった「米軍変革（トランスフォーメーション）」だが、ライトは現場を預かる最高指揮官として「一口に米軍変革と言っても、効率的な軍事用情報ネットワークの構築や、より敏捷性《びんしょうせい》に優れ、精度の高い新兵器体系の開発・配備、そして軍事司令系統の近代化など様々な要素がある」と解説する。

「たとえば、ミサイル防衛（MD）を巡る日米協力や、自衛隊との合同訓練もトランスフォーメーションの一部。自衛隊に所属するF15戦闘機がアラスカに向かう飛行途中で、在日米空軍所属の空中給油機から燃料供給を受ける訓練などもその一例と言える」

その上で、ライトらが「在日米軍変革の中心地」と位置付けるJOC。だが、その「聖域」について、日本の防衛省・自衛隊関係者は多くを語りたがらない。

陸上自衛隊に所属する情報将校や、統合幕僚監部の佐官クラスを駐在させている関係上、すでにJOCにおいても日米融合は実態的にかなり進んでいると言っても過言ではない。だが、日本の防衛当局はいわゆる「五五年体制」以来、日本国内で断続的に続いている憲法九条と集団的自衛権の行使を巡る論争との兼ね合いを気にしている。

「在日米軍司令部に、日本の自衛官を派遣するのは憲法違反ではないのか」

そうした不毛な「神学論争」に巻き込まれることを恐れた日本の防衛当局は在日米軍司令部の地下で密《ひそ》かに、かつ着実に進んでいる日米司令系統の「一体化」について、一様に口をつぐんでいるのが実情だ。

だが、そうした「隠蔽《いんぺい》工作」も、もはや無用となった。日米両国政府は在日米軍再編協議の一環として、横田基地内に日米合同の「共同統合運用調整所（ＢＪＯＣＣ＝Bilateral Joint Operation Coordination Center）」を新設することにしたからである。

二〇〇七年七月二日、日米両国政府は両国の外務・防衛当局者で構成する日米合同委員会を開催し、現在は東京・府中にある航空自衛隊の航空総隊司令部を横田基地内に移転することで正式に合意した。

同司令部の横田移転（二〇一二年三月を目標）はライト、ラーセンら在日米軍司令部の首脳部が心血を注いできたＤＰＲＩプロセスの目玉の一つと位置づけられた。二〇〇六年五月の日米外交・防衛担当閣僚による「日米安全保障協議委員会（２プラス２）」でまとめた在日米軍再編に関する最終合意にも当然、盛り込まれていた。

日本の防空を司《つかさど》る空自の総隊司令部は、航空自衛隊の戦闘機部隊と高射部隊など地対空の戦闘部隊を統括する司令部として知られる。さらに将来は日米両国で整備を進めている「ミサイル防衛（MD）」計画において、航空総隊司令官が、空自に所属するパトリオット（PAC3）部隊と海上自衛隊に所属する迎撃ミサイル配備のイージス艦を統合運用する指揮官となり、有事の際に作戦命令を下すことが決まっている。

その総隊司令部を横田に移転させ、在日米軍司令部、および第5空軍司令部と一体化させる。それは弾道ミサイルの拡散が懸念される二十一世紀の今日、「日本の空を守る」という点で大きな意味を持っている、とライトは指摘する。

日米同盟を現場で支える「軍対軍」の関係について、日米防衛当局者の間では「陸、海、空の中で『空』は最も弱い」（統合幕僚監部関係者）というのが通説とされてきた。

福田康夫内閣で防衛大臣を務めた自民党切っての防衛通、石破茂はその理由をこう説明する。

「米空軍は主としてこちらから出向いて敵基地や敵機を叩《たた》く。それに対して、専守防衛に徹する航空自衛隊は迎撃専門。勢い、両者の関心の対象も違ってくる」

自衛隊・統合幕僚監部の関係者は「同じ東京とは言え、府中と横田に分かれていては意思疎通《そつう》にも限界がある。やはり、日ごろからお互いの顔や声を意識しつつ、食事も共にして連帯感を育てていかなければならない」と指摘する。

「この同盟は今後、より質的な向上を目指す必要がある」

そう繰り返すライトは具体的な対応策として、「ミサイル防衛など新しい要素を念頭に置いて、有事に備えた練度を高めていく必要がある」と日米両国政府関係者に説いて回った。そのライトの最終目標が「日米司令系統の統合」だった。ライトらの働きかけに呼応する格好で、空自はその頭脳拠点とも言える総隊司令部の横田移転を決断した。

二〇〇七年夏、横田基地の主要出入り口の一つである「第二ゲート」から車で数分の場所に位置する在日米軍司令部ビルを取り囲むようにして、大きな空き地がいくつも出現した。その規模は延べにして約二万平方メートル。横田基地内に確保された広大な敷地には近い将来、航空自衛隊・航空総隊司令部が丸ごと移転してくる。

空自が下した「戦略的決断」はそれだけではない。

二〇〇七年四月下旬、防衛省は空自が誇る「自動警戒管制組織（バッジシステム）」で収集した日本周辺の防空情報を二十四時間体制で在日米軍に提供し始めた。バッジシステムは総隊司令部をコントロール・センターとして、日本全土にちりばめた各防空警戒能力を一元管理し、日本の防空体制を堅持するネットワーク・システムとして知られている。

具体的には空自に所属する「空中警戒管制機（AWACS）」や、全国二十八ヵ所に点在する「航空警戒管制部隊（レーダー・サイト）」を駆使して、日本周辺の飛行情報を常時、チェックしている。バッジシステムのネットワークは日本領空に侵入した未確認機などを瞬時に敵味方に識別し、必要に応じて要撃戦闘機などに指揮命令や航跡情報を自動的に伝達する仕組みだ。

それまでも空自はバッジシステムの情報を在日米軍に提供したことはあった。だが、それは主として共同訓練時などに限っていたことも事実だった。例外的な措置としては二〇〇六年七月の北朝鮮による弾道ミサイル連射時などがあるが、それも「一時的なもの」という扱いにしていた経緯がある。

だが、現在は府中にある航空総隊司令部と横田の米第5空軍司令部は、すでにバッジシステムを介してリアルタイムで結ばれている。さらに二〇一三年以降は在日米軍司令部ビルを取り囲むように新設される航空総隊司令部が在日米軍司令部本体ともリアルタイムで結ばれる。これにより、日本防空に関する必要な情報を常時共有できる体制が整うのである。

これに備えて、米側も目に見えない形で横田司令部の大胆な「構造改革」を進めている。

前述した通り、在日米軍司令部ビルは左右に在日米軍司令部と第5空軍司令部が分かれて位置している。第5空軍は極東有事の際の物資輸送業務を主要任務とするが、司令官は在日米軍司令官のライトが兼務しており、これまでも実質的に大きな存在とは言えなかった。

こうした事情を背景に当初、米太平洋軍司令部はいわゆる在日米軍再編計画の一環として、第5空軍の「廃止」を検討した。これに対して、日本側は航空自衛隊が「日本に駐留する空のカウンターパート（交渉相手）」としての第5空軍の重要性を説き、米側にこれを撤回させた経緯がある。

このため、名目上は今もなお、第5空軍司令部は存続することになった。しかし、その実体はほとんどの要員がハワイにある太平洋空軍に所属する第13空軍の司令部と兼務する形となっており、「すでに第5空軍司令部は実質的には第13空軍司令部そのもの」（在日米軍関係者）という声すら、米軍内部からは漏れてくる。

当初、米側は在日米軍再編計画の中で、グアム島のアンダーセン空軍基地にあった第13空軍司令部と第5空軍司令部を合体させ、グアム島から太平洋、およびインド洋（朝鮮半島を除く）を統括させる構想を練っていた。だが、空自の反対によってこの構想はお蔵入りとなり、代わりに第13空軍司令部をハワイにあるヒッカム空軍基地内へと移転させている。

この移転に合わせ米空軍は二〇〇五年六月、ハワイに移転した第13空軍司令部内に新たな戦闘指揮司令部＝ケニー司令部を創設した。

第二次世界大戦中に活躍した第5空軍司令官、ジョージ・ケニー大将にちなんで命名された新司令部はアジア太平洋地域において、有事の際、航空戦力を中心とする軍事作戦の立案、遂行を担当する組織とされている。

ケニー司令部は平時において、特定の兵力は保有せず、通常の部隊管理業務などには携わらない。だが、有事の際には衛星ネットワークなどを駆使して地域内に展開する各主要基地、航空機・戦闘機などを二十四時間体制で指揮統制するなど、より「純度」の高い戦闘指揮司令部と位置付けられている。

現在、横田基地内にはこのケニー司令部の出先機関として、「ケニー司令部ジャパン（第13空軍第1分遣隊）」も創設されている。さらに防衛省はハワイのケニー司令部に航空自衛隊の佐官クラスたちを連絡要員として派遣、駐在させている。

このように米空軍は横田における将来の「日米一体化構想」をにらみ、表面上は日本側の言い分を尊重しながら、水面下では自らの当初計画通り、第5空軍と第13空軍両司令部の「見えない融合」を続けているのである。

バッジシステムの情報共有、航空総隊司令部の横田移転、実質的な米第5・第13空軍司令部の統合、そして横田での共同統合運用調整所の新設――。

日米両国が取った一連の方策はいずれも脆弱《ぜいじゃく》だった日本の空における「日米連携」を強めるだけでなく、横田における在日米軍司令部機能をも強化することになる。

なぜ、在日米軍司令部と防衛省・自衛隊は横田において、司令・情報系統の一体化を急いだのか。

それは北朝鮮が水面下で着々と進める弾道ミサイルや核兵器の開発と無縁ではない、と多くの日米防衛当局者は指摘する。

たとえば、北朝鮮の弾道ミサイルが日本に着弾するまでの時間はわずか十分を切ると言われる。マッハ2以上の速度で突進してくる物体を発射直後から追尾し、迎撃するために使える時間は数分間。日米双方が最新技術の粋を集めて開発したミサイル防衛（MD）網を整えたとしても、こうした修羅場では現場を預かる司令官たちの瞬時の判断が欠かせない。

そのためには、日米双方の防空当局にこれまで以上の「阿吽《あうん》」の呼吸を植えつけなければならない。敵性国家が放った弾道ミサイルの種類から、その軌道、攻撃目標などを瞬時に割り出し、これを自陣のミサイルで迎撃・破壊するというＭＤシステムでは、ほんの数秒の情報伝達誤差でも命取りになる場合が多い。高度三万六千キロに位置している米国の早期警戒衛星が送ってくる定点観測情報、日本独自の偵察衛星が随時送る画像情報、さらには青森県に設置した早期警戒用Ｘバンド・レーダー……。

二〇一三年以降、敵性国家による弾道ミサイルの攻撃などに備えて、重層的に整備した情報収集のネットワークの中央には、横田に設けた日米統合司令センターが位置することになる。その時、生まれ変わる「米軍横田基地＝在日米軍司令部」は日本防衛の中枢《ちゆうすう》拠点として、その重要性を一層増す。

「大事なことは（在日米軍司令部が発足して以来）、日米同盟が多くの価値を共有するようになったということだ」

そう胸を張るライトが最後の置き土産として横田に残した「日米一体化」のシナリオはまもなく現実のものになる。

第二章

在日米軍司令部の危機管理

齋藤隆統合幕僚長とブルース・ライト司令官
（防衛省提供）

第二次ミサイル危機

「在日米軍司令部に勤務するすべての人間に一〇〇パーセント、これを徹底するように」——。

二〇〇七（平成十九）年九月、在日米軍司令官のライトは配下のJ6（通信・統制・コンピューター）に属す空軍中佐、ロイド・ジャック（指揮統制通信コンピューター・システム部＝C4次長）にこう命じた。

ライトの出した指令。それは在日米軍司令部での極秘情報の取り扱いに関することだった。

ちょうどその頃、日本の海上自衛隊では幹部による杜撰《ずさん》な情報管理から最新鋭のイージス艦に関する機密情報が外部に漏洩《ろうえい》するという事件が発生。これが両国政府間の政治問題にまで発展していた。

米側はかねて日本の情報管理の「甘さ」に業《ごう》を煮やしていた。ミサイル防衛（MD）構想で中核的な存在と位置付けるイージス艦の情報漏洩はさらにそうした苛立《いらだ》ち、不信感に拍車をかけるものだった。

「イージス艦に関する問題については自衛隊も非常に深刻に受け止めるべきだ……」

滅多なことではパートナーと呼ぶ自衛隊を非難することのないライトだが、この時ばかりはその「禁」を破って、防衛省・自衛隊に猛省を促す発言を繰り返した。

一方で、ライトは自らの司令部のタガを締め直すことも忘れてはいなかった。

通常、米軍の内部規定では「オプ・セク（operation security）」と「コム・セク（communication security）」という二つの情報管理体系に基づいて、一年に二度、幹部クラスを中心に情報保全に関する、約一時間半の「特別研修」が義務付けられている。

だが、ライトは海自による「イージス事件」発覚を受けて、即座に在日米軍司令部に勤務する二百人以上の米国人幹部全員に再研修を命じている。

情報保全問題に詳しい在日米軍司令部幹部によると、こうした厳格な体制のおかげもあって、これまでに在日米軍司令部で「イージス事件」のような機密情報漏洩が発生したケースはゼロ。米国防総省では中国によるものと思われる「サイバー攻撃」も何度か確認されているが、「在日米軍司令部についてはサイバー攻撃を受けた記録もない」（在日米軍司令部幹部）という。

日本防衛の最前線に立つ在日米軍司令部には有事においてはもちろん、平時においいても幅広い危機管理が求められている。情報保全に関する研修の徹底などは平時における危機管理の代表例と言える。

それでは平時よりも予測不可能な要素が多い「有事」の際の危機管理において、在日米軍司令部はどのような態勢で臨み、対処しているのだろうか。

二〇〇六年七月五日未明、まだ暗い日本海の上空を一筋の閃光《せんこう》が突然、切り裂いた。太平洋の向こう岸では米国中が恒例の独立記念日を祝っていた時間帯のことだった。閃光の「正体」は北朝鮮の金正日《キムジョンイル》政権が放った弾道ミサイル「ノドン」の一発目だった。

「たった今、始まった。それに関する情報をお伝えする」

同じ時刻、東京・横田の在日米軍司令部ビル。その地下にある統合司令センター（JOC）に陣取ったライトは盗聴対策を施した専用の「ホットライン」の受話器を取り上げるとそう告げた。

「OK、よろしく頼む」

相手は第四十三代アメリカ合衆国大統領、ジョージ・W・ブッシュが「俺、お前」の仲と認める駐日米大使、J・トーマス・シーファーである。

東京・赤坂の米大使館でライトからの一報を受けると、シーファーは一切の動揺も見せず、馴《な》れた口調でそう応じた。

「では、まず発射時間、次いで発射場所、それと予想着弾ポイント、ミサイルの飛行時間……」

事前に決めておいた「ルール」に基づいて、テンポ良くライトが伝える情報をシーファーは細大漏らさずメモに取った。この時、一発目の弾道ミサイルはまだ、日本海上空を飛行中だった。

こうした二人のやり取りは北朝鮮が最後に放った弾道ミサイルが力なく日本海に着弾するまで続けられることになる。

シーファーとの早朝のやりとりから一ヵ月半ほど前、ライトは米国・ハワイ州にある米太平洋軍司令部にいた。

目の前には、陸・海・空、それに海兵隊を合わせ総勢で三十万人以上の強大な兵力を誇る米太平洋軍を統括する太平洋軍司令部（PACOM）司令官、ウィリアム・J・ファロン（海軍大将）がいる。

「北朝鮮のミサイル基地におかしな動きがあるようだ」

この時、すでにライトとファロンは米軍が保有する静止衛星や偵察衛星などが送り込んでくる画像情報などをベースにして、北朝鮮が日本海側の咸鏡北道《ハムギョンブクド》花台郡にある舞水端里《ムスダンリ》の発射実験場、および南東部の江原道安辺郡旗対嶺《キテリヨン》の双方でミサイル発射準備を進めていることを摑《つか》んでいた。

「今回の危機が現実のものとなった際には日米両国の政治指導者に対して、適切、かつ的確な情報を提示しなければならない」

在日米軍司令官という肩書に加え、ＰＡＣＯＭの「日本駐在代表」という役職も兼ねるライトの真摯《しんし》な訴え。それに対して、時に感情的な口調にもなる「熱血派」のファロンも異論を差し挟むことはなかった。

「それにはＵＳＦＪ（在日米軍）とＰＡＣＯＭ、そして東京の米大使館との緊密な連携が欠かせない」

その意図通り、ファロンから無事にお墨付きを得たライトは日本に戻ると早速、シーファーに面会を申し入れた。

「今度は正確な情報を日本政府中枢《ちゅうすう》にリアルタイムで送り込みたい。それには在日米軍と米国大使館が総力を結集すべきだと思う」

ライトの提案にシーファーも即座に同意した。

北朝鮮による弾道ミサイル乱射という暴挙に対して、日米両国の政府・軍当局による史上初の高度な連携プレーの舞台装置が出来上がった瞬間だった。

この会話以来、二人は在日米軍司令部と米大使館の双方に設置した盗聴防止策を施したホットラインを使って、密《ひそ》かに緊急時の連絡のための「予行演習」を重ねた。

北朝鮮が放つであろうミサイルの種類、発射場所、到達地点、その政治的意図……。実際に発射が確認されてから、これら各種の情報を即座に入手、分析した上で、相手方に迅速に伝達しなければならない。そのために必要な時間をおおまかに割り出し、そのスパンを出来るだけ短くしていく。そうすることでホワイトハウスと首相官邸の政治意思決定プロセスに一切の支障が生じることのないような態勢作りをシーファーとライトは目指した。

そんな二人が準備万端で待ち受けていた七月五日、北朝鮮の金正日政権は当初の予測通り、弾道ミサイルの発射実験に踏み切った。

「ミサイル発射」の報を受けて、内閣総理大臣の小泉純一郎が官邸に入ったのは午前六時半過ぎ。その後を追うように午前七時前にはすでにシーファーが官邸に到着、待ち構えていた官房長官の安倍晋三や外相の麻生太郎らと情報交換に入っている。

この時、シーファーの手元にはほぼリアルタイムでライトから届けられたミサイル関連の詳細な情報があった。

「とにかく的確、かつタイムリーな情報を可能な限り、できるだけ多く」

そう心に決めていたライトは配下の人間に対して、「一週間ぶっ通しで、二十四時間体制での監視を怠るな」と檄《げき》を飛ばし、自ら陣頭指揮に立った。

以来、在日米軍司令部ビルの地下にある統合司令センター（JOC）では合計で二百人前後からなる司令部要員がスクランブル体制を組んだ。各主要部門の長であるJヘッズ・クラスからなる「CAT（Crisis Action Team）-A」と救援・避難活動など「非戦闘行動」を支援する「CAT-B」に編制し、万全の体制を整えたのである。

大きな投網《とあみ》を広げたようにして待ち構えていたライトの狙《ねら》いは的中した。PACOM-USFJ-米大使館-首相官邸、という情報伝達ラインはミサイル実験当日、事前の演習と寸分の狂いもなく円滑に機能したのである。

その結果、北朝鮮によるミサイル実験について日本政府は早い段階から、その全容を摑《つか》むことに成功した。日本政府は短時間で発射された多くのミサイルが近距離、あるいは中距離型の「スカッド」「ノドン」であると断定。さらに、そのうちの一発が米ハワイ州やアラスカ州、さらにはロサンゼルスなど西海岸の大都市にも場合によっては到達可能と見られる長距離弾道ミサイル「テポドン2号」だったことも把握することができた。

ライトが打った布石はこれだけではなかった。

北朝鮮が弾道ミサイルを断続的に発射したのはロシア沿海州の南方だった。その「北の海」の近辺には在日米軍の中核的存在として知られる米第7艦隊が誇る二隻《せき》の艦船が静かに「その時」に備えて目を光らせていたのである。

そのうちの一隻、第7艦隊の旗艦ブルーリッジはロシア極東の地、ウラジオストクに米ロ海軍の「信頼醸成」を名目に入港。さらに空母機動部隊の中核であるキティホークは、北海道・小樽《おたる》港に六年ぶりに寄港していた。

日ごろは神奈川県・横須賀を拠点とする二隻が同じ日に「北の海」に展開していた背景には、「日本防衛」に対するライトとファロンの強い姿勢があった。

日米軍事関係者によれば、ブルーリッジやキティホークなどが母港・横須賀を離れる場合、通常はそれ単体ではなく、巡洋艦、潜水艦など多数の護衛艦がその背後に展開しているケースが多い。

すなわち、第7艦隊に所属する二隻が同時に「北の海」に展開していたという事実は、「『万が一にも、日本におかしなことをしたら、ただでは済まないぞ』というメッセージ」（当時の防衛庁関係者）を北朝鮮に送っていたのである。

「一九九八年のテポドン発射の際、我々は十二分にミサイルを捕捉《ほそく》できなかった。しかし、今回は違う。絶対に北朝鮮のミサイルを逃しはしない……」

そう振り返るライト。だが、流れるような日米連携の背景には、かつて経験した大きな失敗から得た教訓があった。

北朝鮮が一九九八年夏に弾道ミサイル「テポドン1号」を日本列島上空に打ち上げた「第一次ミサイル危機」は、その対応のまずさから日米同盟に深刻な亀裂《きれつ》をもたらす悪夢のような出来事となっていたのである。

一九九八年八月三十一日正午過ぎ——。

北朝鮮の東海岸から一発の弾道ミサイルが日本列島に向けて飛び立った。北朝鮮の金正日政権が密かに開発していた新型弾道ミサイル「テポドン1号」である。

射程距離一千五百キロを超え、日本全土をその射程に入れる「テポドン1号」は発射数分後、一段目と二段目のブースターを日本海上で切り離し、弾頭部分はさらに加速しながら、日本列島の上空を通過後に消滅、慣性で日本列島を飛び越えた二段目が三陸沖の太平洋に落下した。

このテポドン騒動について、日米両国の足並みは大いに乱れた。ミサイルが放出する遠隔計測電波を傍受する電子偵察機RC135や、巨大レーダー搭載のミサイル追跡艦「オブザベーション・アイランド」などといった最新鋭の装備を有していたにもかかわらず、当時のクリントン米政権の日本に対する情報提供は後手に回り続けたからである。

この結果、防衛庁（当時）は在日米軍司令部からの通報を基に当初、着弾推定地域について「日本海北部、ロシアのウラジオストク南東約三百キロ、能登半島北北西約四百五十キロの公海上」と発表。後にこれを「三陸沖の公海上に着弾した可能性がある」と訂正するのに十一時間以上もかかるといった失態も演じていた。

「テポドンは二つのショックを日本にもたらした」

当時の状況に詳しい防衛省・自衛隊関係者は今もそう言って憚《はばか》らない。

一つ目のショックは北朝鮮が日本列島を射程に収めることができる弾道ミサイルをすでに開発していたこと。そして、二つ目のショックはテポドン発射に関する「米国による情報操作への疑念」（当時の防衛庁幹部）だった。

当時、クリントン政権は対北朝鮮政策について、議会多数派の共和党から激しい批判を浴びていた。こうした事態を受け、第四十二代アメリカ合衆国大統領、ビル・クリントンは前国防長官のウィリアム・ペリーに対北朝鮮の「タスク・フォース」結成を依頼していた。

一九九四年の北朝鮮核危機当時、国防長官として「第二次朝鮮戦争」まで覚悟したと言われるペリーはその時の経験を踏まえ、金正日政権への融和路線の可能性を模索していた。そんな矢先にテポドンは発射されたのである。

後に「ペリー・プロセス」として知られることになる対北朝鮮融和政策の下ごしらえをしていた当時のクリントン政権にとって、テポドン問題は過剰に反応したくない案件だった。

そうした政治的意図を背景に、米側はテポドン発射に関する情報について意図的に伝達を遅らせ、あるいはその内容を矮小化《わいしょう》したり、伏せたりしたのではないか――。

匿名《とくめい》を条件に当時の防衛庁幹部の一人はそう証言する。

米軍からの軍事情報の窓口である防衛庁・自衛隊の口に出せない不信感はもちろん、政府・自民党にもただちに伝播《でんぱ》した。

「あの時、米国はテポドンについてせいぜい二段ロケットぐらいのものだと踏んでいた。だが、実際には三段ロケットで、一番上には衛星を積んでいた。テポドンについては情報収集面で日本だけでなく、米国にも問題があった」

後に国産偵察衛星の誕生に向けて奔走する元外務大臣の中山太郎は当時の状況をそう振り返っている。

元防衛庁長官の玉澤徳一郎も「あの時の米国の情報の出し方はけしからんと思っている」と憤《いきどお》る人間の一人だった。

玉澤によると、当時、米中央情報局（CIA）はテポドン発射の十五分前まで日本に情報を提供していたが、それ以降はなぜか情報提供を中断している。その後、日本の自衛隊が出動させていたイージス艦が収集したテポドンに関する情報について、今度は逆に米側が日本に提供を要求してきたのである。

結局、その際に日本が提供した情報を米国は「二ヵ月以上も返却しなかった」と玉澤は証言している。

「あの時、実は米国はテポドン発射に関する一次情報を十分には持っていなかった。だから、その後のクリントン政権の対応で我々は言葉にこそ出さないが、『米国に裏切られた』と感じたのだ」

現在は現役を退いた、ある元防衛庁幹部はそう指摘する。

日本側で渦巻く不信感を尻目《しりめ》に米側は北朝鮮が発表した「人工衛星打ち上げ失敗説」に加担するかのような姿勢を見せた、と日本側では広く解釈された。

テポドン発射から約三週間が過ぎた一九九八年九月十四日、クリントン政権はワシントンで開催した米国、日本、韓国の局長級協議で、北朝鮮が実施したミサイル実験は、弾頭部分に人工衛星を搭載したものだったと公式に説明した。

「非常に小さな衛星を軌道に乗せようとしたが、失敗した」

国務省報道官のジェームズ・ルービンは同日の記者会見で、こう説明した。その一方で日本側の不満に配慮してか、「北朝鮮は（今回の実験によって、ミサイルの）射程を長距離化する能力を示した。米国は近隣諸国への脅威だとみている」と補って見せた。

同盟国・日本に何の相談もないまま、「あれは人工衛星の打ち上げに失敗したもの」とする北朝鮮の立場を追認したかのようなクリントン政権の姿勢。

当時の日本の政策担当者らは声に出せない怒りと絶望に身を震わせた。戦後半世紀にわたって他に例を見ないほどの耐久性を見せてきた日米同盟がある種の「危険水域」に近づいた瞬間だった。

結局、この時の「対米不信」が根源となって、日本は二千五百億円以上もの国費を投じて、初の国産偵察衛星の開発・配備へと邁進《まいしん》することになる。

テポドン発射直後、クリントン政権において「唯一《ゆいいつ》、日本のことを気にかける男」とされた国防副次官補、カート・キャンベルが偶然にも来日していた。キャンベルの来日はテポドン問題が表面化する以前から、日米防衛当局間の定期協議として国の外交日程の中に入っていたのである。

来日中、当時の国防族のドン的存在だった自民党の山崎拓前政調会長らとの会談を控えていたキャンベルの目的は急遽《きゆうきよ》変更された。キャンベルは東京・赤坂にある米大使館に入ると即座に政治担当副参事官兼安全保障課長のジョセフ・ドノバンらと緊急協議に入り、テポドン問題に関する当面の対処方針を確認することにした。

「これは攻撃ではなく、単なる実験だ。だから、過剰反応は止《や》めようではないか」

――。

内輪の会合でキャンベルが当初、打ち出した方針について、当時を知る米政府高官は「キャンベル氏がそう語っていた」と回想する。

実際、発射から三日後の九月三日、首相官邸で官房副長官の鈴木宗男《むねお》と会談した際、キャンベルはこう述べている。

「北朝鮮を動きがとれないように追いつめるのは、より危険だ」

その翌日、都内で山崎と会談した際、キャンベルは再度の実験を懸念《けねん》する日本の世論に配慮して「もし第二弾があるとすれば、米国の北朝鮮への対応が基本的に大きく変わると警告している」と述べる一方で、山崎をこう説得した。

「ただちに（北朝鮮に）対抗措置、報復を行う考え方はとるべきではない。北朝鮮を追い込めば極端な対応を生む恐れがある。米国は北朝鮮に政治的・精神的ダメージを与える措置は当面用意していない」

だが、その後、北朝鮮への感情的な反発だけでなく、対米不信感も募らせていく日本のエリート層、そして日本の世論の反応を見て、キャンベル・ドノバンのチームは自分たちの「政治判断」が大きく間違っていたことに気づくことになる。

「その結果、『過剰反応』を戒めるのではなく、日米同盟を基盤として、『日本防衛』への姿勢を強調すべきだということに落ち着いた」

当時の内情に詳しい米政府高官はそう証言する。

その具体的な行動の一つとして、キャンベルは当初、消極姿勢を見せていた日本による独自の偵察衛星導入について一転、前向きに容認する構えも見せている。

「日本自身が決めることだ。日本が保有を決めれば、米国は協力するし、従来の情報提供も続ける」

十二日夜、米国防総省内で開催した局長級の安全保障高級事務レベル協議（ＳＳ

C）で、キャンベルは日本の偵察衛星導入問題についてこう述べた。その三日後の十五日には自民党訪米団（団長・中山太郎元外相）とも会談し、日本が偵察衛星の導入を決めた場合、「米国は全面的に協力する」との考えを伝えている。

「あれ（偵察衛星問題）は非常にうまく事を運ぶことができた」

当時を振り返り、キャンベルはそう自画自賛する。だが、この問題に関する日米政府間のやりとりについて、多くの日本政府関係者は「キャンベル氏は当初、米国製の衛星を購入しろと言わんばかりだったが、途中から態度を変更させた」と口を揃《そろ》えている。

時は移り、二〇〇六年七月――。

大使館ナンバー2の首席公使（DCM）として北朝鮮によるミサイル発射問題に対応したドノバンは自ら体験した九八年のテポドン騒動を「ネガティブ・モデル」（米政府高官）と捉《とら》え、そこで学んだ教訓を存分に生かすことを決めていた。

まず、日米双方で諜報《ちょうほう》を含む、情報交換を密にすること。第二に、日本政府と米大使館、在日米軍司令部、そして太平洋軍司令部との連携を強化すること。最後に、日本国民、世論に対する説明責任を果たすこと。

「とにかく、今度こそ、もっとうまくやらなければならない（We need to do a much better job.）」

それを合言葉に在日米軍司令部と在京米大使館のチームは一体化した。ドノバンの上司であるシーファーがライトとの協議を加速するのと並行して、ドノバンもライトの片腕であるナンバー2のラーセンと意見交換を重ね、万全の体制作りを心がけたのである。

北朝鮮による実験当日、首相官邸にはいち早く情報提示に駆けつけたシーファーの姿があった。これより先、ドノバンら事務方はすでに首相官邸で司令塔となり、米側にとっての「コンタクト・パーソン」となっていた官房長官の安倍晋三らに対して、未明に連射されたミサイルについて速報を伝えていた。さらにシーファーはライトによってもたらされた追加情報を携えて官邸に入り、日本側との協議に臨んだのである。

協議後、首相官邸で記者団に取り囲まれたシーファーは自信に満ちた表情で、日米同盟体制が健全に機能していることを強調して見せた。そこには一九九八年に日米両国が演じたドタバタ感は微塵《みじん》もなかった。

一九九八年のテポドン騒動の際、日米双方に芽生えた不信の念。それがその後の同盟管理をいかに難しいものにしたか――。

ドノバンらとの意見交換を通じて、ライトは即座にその重大さを認識した。だからこそ、自ら上官のファロンや外交畑のシーファーらへの根回しに奔走し、日本政府への情報提供に万全を期したのである。

「九八年はうまく対処できなかったが、今度は十分に準備できたはずだ」

「第二次ミサイル危機」を巡る騒動が鎮静化した後、ライトはそう言って日本政府関係者らを相手に胸を張った。

第二次ミサイル危機から約二ヵ月後の八月末、PACOMを総括するファロンは日本を訪問し、翌九月に退陣することを表明していた小泉純一郎の後継者として最も有力だった官房長官の安倍晋三をはじめ、日本政府・自衛隊幹部と相次いで会談した。この時、日本政府関係者が揃ってライトとファロンに謝意と労《ねぎら》いの言葉をかけたのは言うまでもない。

核実験

「第二次ミサイル危機」から約三ヵ月後の二〇〇六年十月三日、北朝鮮外務省は突然、声明を発表した。その内容は「科学研究部門で今後、安全性が徹底的に保証された核実験をすることになる」というものだった。

「米国は我が方を経済的に孤立、窒息させ、あらゆる卑劣な手段と方法を総動員し、我が方に対する制裁、封鎖を国際化しようとあがいている。これ以上、事態の発展を手をこまぬいて見ていることができなくなった」

朝鮮中央通信と平壌《ピョンヤン》放送の午後六時からの臨時ニュースをラヂオプレスが伝えた声明の中で、北朝鮮はこう表明し、あくまでも自衛的手段として核実験に臨むとの姿勢を強調した。

その六日後の十月九日、北朝鮮の朝鮮中央通信は「我々の科学研究部門は地下核実験を安全に成功裏に行った」と発表した。

米地質調査所（ＵＳＧＳ）が北朝鮮による核実験の可能性がある地震波を観測したのは日本時間の同日午前十時三十五分。予想震源地は平壌の北東三百八十五キロメートルの北緯四一度、東経一二九度付近で、深さは〇・数キロメートルの浅いものとされた。

「北朝鮮が核実験」の報を受けたライトは直ちにＪ２、Ｊ３、Ｊ５の責任者ら在日米軍司令部幹部を本部ビル地下のＪＯＣに緊急招集し、事態の分析と善後策を協議した。

この時、すでにライトは沖縄・嘉手納基地から電子偵察機ＲＣ１３５を日本海周辺に派遣するよう手配。さらに朝鮮半島周辺で大気中の放射能量などをチェックできる特殊な気象観測機WC135を嘉手納基地に配備したほか、英空軍に大気中の放射性物質を採取できる装置を備えたVC10輸送機を嘉手納基地に急派するよう要請するなど万全の態勢を整えていた。

協議の席上、ライトはその時点で集まったデータや情報を元に「この核実験が即座に軍事的な有事に発展する可能性は低い」と判断していた。それを踏まえて、ライトは日本政府への情報提供や、メディアに向けた対外的な情報発信では意識的に冷静な対応を強調するよう指示した。

ミサイル発射時には意識的に「北方シフト」を敷いていた空母キティホークやイージス艦も母港である米海軍横須賀基地（神奈川県）にとどまり、目立った動きを見せなかった。

ライトの慎重姿勢には、ある理由があった。

「（爆発を）どう評価するか、もう少し分析したいと米国が言っている」

防衛庁長官の久間章生《きゅうまふみお》は九日、核実験の真偽についてこう述べ、意識的に断定口調を避けて見せた。

「核実験が本当かどうかはまだ確認されていない。その点を混同すると話が込み入る」

外相の麻生太郎も翌十日の衆院予算委員会で久間に続いた。官房長官の塩崎恭久《やすひさ》らもこの問題に触れる場合、「核実験が事実であれば……」と前提条件をつけた上で言及する姿勢を堅持した。

核実験なのかどうかが判然としない段階で、いたずらに北朝鮮を「核保有国」として認めるような言動は北朝鮮を利するだけだ。

そうした判断は日米双方の安保政策担当者が共有するものだった。

一体、これは核実験だったのか、あるいは通常火薬による「偽装実験」だったのか。そして、それは成功したのか、あるいは失敗したのか……。

米国、日本、そして隣国の韓国も疑心暗鬼を深める中で、ライトはミサイル実験の際と同様、事前に準備を重ねたマニュアルに従って、東京・赤坂の米大使館に陣取るシーファーと随時連絡を取り合い、十日以降も日本政府向けに提供する情報の収集に専念した。

幾つかの曲折を経て、ブッシュ米政権が「答え」を出したのは北朝鮮による「核実験声明」から一週間も過ぎた十月十六日のことだった。

「二〇〇六年十月十一日に採取した大気のサンプルから放射性物質が検出されたこと

により、北朝鮮が同年十月九日に豊渓里《プンゲリ》近くで地下核爆発を実施したことが確認された。爆発規模は一キロトン未満だった」

米国家情報長官のジョン・ネグロポンテ（後に国務副長官）は発表声明の中でこう指摘し、北朝鮮による核実験実施を正式に確認した。

実験の成否について、ネグロポンテは特に言及しなかった。だが、爆発を「核実験」と断定する最終的な判断材料はやはり、在日米軍・嘉手納基地にライトらが配備していた米空軍所属の気象観測機が十一日に採取した大気サンプルから検出された放射性物質だった。

後にライトはこの核実験騒動の際、ある種の「ジレンマ」に陥っていたことを認めている。米軍が有する情報収集能力は主として偵察衛星や偵察機によるものが中心になるため、空中を飛来する弾道ミサイルの場合に比べて、地中深くに潜った地下核実験についての探査能力にはある種の限界がある。

このため、当初、米軍が収集した情報も極めて限定的なもので、焦点となっていた北朝鮮による爆発実験が「核」によるものなのかどうかを含め、断定的なことは何一つ言えなかったのである。

実際、シーファーとのやりとりの中で、ライトは米軍が収集した情報とは「別種の

「極秘情報」をすでにシーファーが入手し、それをベースに日本政府と対応策を協議していることを知った、と回想している。

この時の状況を「外交ルートと軍事ルートによる情報の錯綜《さくそう》、差異、時差などは良くあること」と説明しながら、その詳細についてライトは「極秘情報に関することなのであまり立ち入ったことは言えない」と言葉を濁し続けた。

ライトが言及を避けた「極秘情報」。それは北朝鮮政府から実験開始直前に実験内容を告知された中国政府が日米両国政府に事前通告していたことを指している可能性が高いと見られる。

いずれにせよ、ミサイル実験に続いて核実験でもシーファーとライトのチームはそれぞれを補い合う格好で、有事における対日情報提供という難題を無事にクリアして見せた。

「重大な危機に直面したが、日米同盟が強固に守られており、それが抑止力になっていることに自信を持った」

一連の騒動が過ぎ去った二〇〇六年十二月、福岡市内で講演したライトは当時の対応についてそう振り返り、在日米軍司令部の危機管理体制に強い自信を見せている。

沖縄少女レイプ事件

北朝鮮によるミサイル・核実験が日米同盟体制や在日米軍司令部の危機管理体制を外側から試す「外的脅威」だったのに対して、それらの体制を内側から揺さぶるような「内的脅威」に在日米軍司令官が出くわすケースも多々ある。

一九九五年に沖縄県北部で発生した若い米兵による日本人少女暴行事件への対応はその典型として今もなお、多くの関係者に語り継がれている。

「あれほど我々が神経を配り、対応を協議した案件はなかった」

事件発生当時、在日米軍司令官の職にあった元統合参謀本部議長のリチャード・マイヤーズはそう振り返る。

一九九五年九月八日——。

沖縄県警捜査一課は県下に住む小学生の少女に集団で乱暴したとして、婦女暴行などの疑いで在沖縄米海軍一等水兵マーカス・ギル、米海兵隊一等兵ケンドリック・モーリス・リディット、同一等兵ロドリコ・ハープの各容疑者の逮捕状を取ったと発表した。

警察側の調べによると、三人は同月四日午後八時ごろ、沖縄本島北部の米軍基地近くの住宅街で、買い物から帰る途中の小学生を車の中に押し込み、手足を縛って乱暴した疑いがもたれていた。県警は米軍の犯罪捜査局にも協力を要請。この結果、犯行に使ったレンタカーを割り出し、三人の特定に成功した。

事件の発覚を受け、在日米軍トップのマイヤーズは自らの片腕として沖縄海兵隊問題を総括していた副司令官のピーター・ペースを通じ、「ひどい悲劇であり、米軍も（事態の推移を）重視している。被害者や家族に深くおわびする」と沖縄県に謝罪の気持を表明した。十一日にはA・M・オニール在沖米国総領事が沖縄県庁で知事の大田昌秀《まさひで》に陳謝。在沖米軍海兵隊司令官のウェイン・ローリングスも知事宛《あて》に遺憾の意を表す書簡を送った。

「痛ましい事件に大変ショックを受けている。三人の身柄は捜査が終わり次第、日本側に引き渡す」

大田と会談した時点で、すでにオニール総領事はそう説明し、在沖米軍が基地内に拘束していた容疑者三人について、日米地位協定に基づいて早期に身柄を日本側に引き渡す考えも示していた。

在日米軍への施設・区域の提供、米軍人・軍属の法的地位などを定めた日米地位協定は、日米安全保障条約に基づいて一九六〇年に署名・発効している。

在日米軍の行動や訓練に関する包括的な法的根拠ともなっている同協定の十七条では、米軍人・軍属が日本国内で犯罪を起こした場合の刑事裁判権についても言及。この中で、公務中や米軍人・軍属に対する犯罪以外は日本側に第一次裁判権があると規定している。

一方で、同条五項では起訴前の捜査段階で容疑者の身柄を米側が拘束することも認めている。このため米側は、沖縄県警が三人の逮捕状を取った後も米軍基地内に容疑者たちの身柄を拘束していた。

この日米地位協定に基づく容疑者の取り扱いが、後に日米同盟体制を大いに揺るがす巨大な「震源」となった。

事件の後、沖縄県内では従来から燻《くすぶ》っていた米軍への不満が一気に高まった。県議会や那覇市議会などでは相次いで対米軍抗議が決議され、容疑者の引き渡しを求める声が強まった。

県内の動きを受けて、県知事の大田が十九日午前に東京の米国大使館を訪ねた際、マイヤーズは駐日米大使のウォルター・モンデールとともに応対した。

席上、「事故防止に懸命に取り組んできたが、こうした事件を起こし恥ずかしい。

県民にあらためて謝罪し、対応を考えたい」と返答するモンデール。これに対して、大田は日本側に容疑者を引き渡す際の障害となっている日米地位協定についても「具体的な問題点」を米側に通告すると表明した。

この際、モンデールらは容疑者たちが米軍の拘束下にあるものの、日本の警察当局の取り調べを連日のように受けていることや、日本の当局から起訴された段階で身柄を引き渡す考えがあるなどと説明し、この事件を契機に日米地位協定を見直す考えがないことを強調した。

大田からの申し入れに対して、米国大使館は十九日に以下のような声明も発表している。

《モンデール大使は米国政府を代表して、事件の被害者とその家族、沖縄県民に対する心からの謝罪の念を表した。大使は、このような行為は絶対に許されないものであり、米軍や米国民にとって容認できないものであると強調。米国が、罪を犯したものが法の下で裁かれるよう日本の当局と協力を続けていくことを言明。三人の容疑者は米軍の拘束下にあるが、連日、石川警察署（沖縄県石川市）で取り調べを受けている。米軍は日米地位協定などに基づき、日本の当局から正式に起訴された

段階で、容疑者を日本側に直ちに引き渡す》

モンデールとともに連日のように事件の対応に追われていたマイヤーズはこの時、心中では「地位協定見直し問題」が日米同盟体制の命運を左右する潜在的な脅威となりうる、と直感的に判断していた。

当時、米側では冷戦の終結で「漂流している」とまで言われた日米同盟体制を立て直すべく、国防次官補(国際安全保障問題担当)のジョセフ・ナイや、その腹心の国防副次官補(東アジア・太平洋担当)のカート・キャンベルらを中心に日本側との協議を水面下で進めていた。

日米双方の事務方は、この時点で十一月に予定していた米大統領、ビル・クリントンの訪日(実際は翌年の四月となった)の際、新たに「日米安保共同宣言」を採択し、冷戦後も日米両国が同盟体制を堅持していく意思を国内外に広く表明するというシナリオを描いていた。

だが、日米双方が問題となっている地位協定十七条の見直しに踏み切った場合、改定作業が協定全体に波及し、ひいては日米安保体制にもマイナス影響を及ぼす可能性も否定できなかった。

日米地位協定の見直し問題が日米間での深刻な外交問題に発展すれば、日米同盟を二十一世紀にも耐用可能なものに進化させていくといった日米双方の外交・防衛当局の努力は一瞬で水泡に帰してしまう恐れもあったためである。

「これまでにも米兵によるレイプや殺人事件に沖縄県民は怒ってきたが、今回の怒りは過去数十年で最も強い」

二十日付の米ワシントン・ポスト紙は那覇発の記事でそう伝え、同日付の米ニューヨーク・タイムズ紙も東京発で「この事件が日米地位協定の改定を求める声を呼び起こしている」と報じた。

そのいずれもが日米同盟に未曾有《みぞう》の危機が押し寄せていることを言外に強く示唆《しさ》していた。

「日米安保体制を巡る、多くの前進をここで台無しにしては元も子もない……」

そう感じたマイヤーズはハワイにある太平洋軍司令部（PACOM）、ワシントンの国防総省の国防長官室（OSD）、そして統合参謀本部（JCS）の間を奔走し、「数え切れないぐらいの会議」（マイヤーズ）を繰り返した。

時にマイヤーズの相談相手は制服組の範疇《はんちゅう》を超えて、ナイ、キャンベル、そして文民トップの国防長官、ウィリアム・ペリーにまで及んでいた。

「何としても日本の信用を取り戻すように」

第二次大戦終結後、自ら米軍（占領軍）の一員として沖縄に上陸した経験を持つペリーからトップダウンの指示を受けたマイヤーズはここから文字通り、日米両国政府間を縦横無尽に走り回り、事態の収拾策を探った。

ペリーらの後ろ盾を得たマイヤーズの水面下での根回し・調整が「日の目」を見たのは事件発覚から約二週間が過ぎた九月二十一日のことだった。

「我々が状況を改善するためにしなければならない措置があると日本側が思うならば、もちろんその用意がある」

クリントンは恒例となっているラジオ演説でこう述べ、日米地位協定の枠内で刑事裁判手続きなどの運用改善の協議に応じる意向を表明した。

演説の中でクリントンは「米国はこの事件を深く憂慮しており、日本国民に対するいかなる誤った行動や虐待《ぎゃくたい》も許さないことを明確にしたい」と強調。その上で「我々は日本の良きパートナーである。通商問題などで多少の意見の違いはあるが、日本は偉大な民主国家であり、強力な同盟国である」と指摘し、「我々がこの事件に目をつぶっているわけではないということが日本側にも分かれば、良いパートナーであり続けるだろう」と述べた。

この「クリントン演説」を契機として、日米両国政府は地位協定の「運用改善」という打開策に向け、急速に動き出す。

それから二ヵ月後の一九九五年十一月二十日——。日米両国政府は沖縄の米軍基地の整理・縮小問題などを話し合う日米の新協議機関（特別行動委員会）の初会合を外務省で開催。この場で、双方は一年以内を目処《めど》に基地整理・縮小の具体案をまとめることを申し合わせた。

米側出席者の中にはアジア担当の実力派国務次官補、ウィンストン・ロードやジョセフ・ナイ、モンデールらとともにマイヤーズの顔もあった。

「実りの多い会合だった。日米が取り組むべき最も重要な問題は沖縄県民の負担を軽減することだ」

後に二十一世紀における日米安保体制の意義をまとめた「ナイ・イニシアティブ」の提唱者として知られるナイが会合後、こう述べるのを見届けたマイヤーズはここでようやく安堵《あんど》のため息を漏らした。

この沖縄少女レイプ事件を契機として、マイヤーズらが奔走した結果、産声《うぶごえ》を上げた日米特別行動委員会、いわゆるＳＡＣＯはその後、沖縄米軍基地・普天間飛行場の返還合意や、「日米安保共同宣言」の発表、さらに「新たな日米防衛協力のための指針（新ガイドライン）」の策定など日米同盟に大きな変革をもたらすプラットフォームとして、重要な役割を演じていくことになる。

「在日米軍司令官当時、最も大きな危機は何だったのか」

こんな問いかけに対して、「二つの思い出がある」と答えるマイヤーズが最初に挙げるのが、この「沖縄少女レイプ事件」である。

同時に、それとは全く別種の危機としてマイヤーズが今も鮮明に覚えている事件がある。それはアジア太平洋の「火薬庫」とまで呼ばれるようになった台湾海峡で勃発《ぼっぱつ》した前代未聞《みもん》の問題だった。

台湾海峡危機

一九九六年三月八日、台湾国防部は中国人民解放軍が同日午前一時（日本時間同二時）から同二時にかけて、台湾北部の基隆沖と南部の高雄沖に一発ずつ、同九時（同十時）すぎにも高雄沖に一発、合計三発のミサイルを発射したと発表した。

ミサイルは「M9」型の地対地ミサイルとされ、高雄の南西約四十四キロと基隆の北に中国軍が設定した「目標海域」に着弾した。

中国によるミサイル演習は目前に迫った同月二十三日の台湾総統直接選挙をにらみ、

独立気運を強める台湾の李登輝《りとうき》総統を牽制《けんせい》したものとされた。

だが、事前の予告通り、挑発的なミサイル演習を強行した中国・北京《ペキン》からは強気の発言が相次いだ。

「台湾当局の祖国分裂活動が止まらないなら、最後まで闘争を続ける」

演習当日、全国人民代表大会（国会）の上海《シャンハイ》代表団会議で、江沢民国家主席がそう言明すれば、銭其琛《せんきしん》副首相兼外相も「台湾問題は複雑だが、主要な障害は中台統一を望まない外国勢力の存在だった」と台湾への武器売却を続ける米国への敵愾心《てきがいしん》をむき出しにした。

さらに江主席は「いかなる勢力、いかなる形であれ、中国の一部という台湾の地位を変えることを絶対に許さない」と言明。それに呼応する形で、銭外相は「彼らに、妥協せず、断固とした手段で対することで、独立勢力の拡大を防ぎ、統一の障害を除くことができる」と語り、「台湾有事の際は軍事介入の可能性を否定しない」としてきた米国を牽制した。

この時、ワシントンではホワイトハウスに安全保障問題担当の高官が集結し、中台関係について集中協議を繰り返していた。

中国側の挑発的な言動に対して、米国防長官のウィリアム・ペリーは「米国は西太平洋に相当規模の海軍力を有し、常時活動している」とやんわりと応戦。その一方で、たまたま訪米中だった劉華秋《りゅうかしゅう》・中国国務院外事弁公室主任と断続的に協議を続けながら、ペリーは国務長官のウォーレン・クリストファー、大統領補佐官（国家安全保障問題担当）のアンソニー（トニー）・レークらとともに米中双方の政治的妥協点を探ろうとしていた。

「もし、あなた方が言うところの『試射』されたミサイルが台湾本土に着弾したら、重大な結末を招くということを忘れないで欲しい」

三月上旬にワシントンで行われた協議の席上、ペリーはこう述べ、中国側に強いメッセージを発している。

だが、劉華秋が帰属する北京の外交当局と距離を置く中国人民解放軍の指導部にペリーらのメッセージは深く浸透しなかった。米側の説得工作も空《むな》しく、人民解放軍は予定通り、十二日から実弾を使った大規模な軍事演習を実施し、台湾側を威嚇《いかく》し始めたのである。

三軍合同による演習の範囲は台湾海峡南部にとどまらず、海峡北部の福建省沖にまで広がるのが確実視されていた。台湾が一方的に独立などを宣言した場合、南北から海峡を封鎖するシナリオに基づくものだった。

それまで「中国に台湾攻撃の意図はない」としていたペリーはここで制服組トップの統合参謀本部議長、ジョン・シャリカシュビリと「次の手」を巡り、緊急協議に入った。

この時、ペリーの手元には三つの選択肢があった。

第一は再度、外交ルートを通じて警告的メッセージを送る。第二は台湾周辺海域に「空母戦闘グループ」を送り込む。第三は一つではなく、二つの空母部隊を台湾周辺に派遣することだった。

ペリーらから見て、第一と第二のオプションはインパクトに欠け、人民解放軍首脳部に台湾防衛にかける米国の意気込みを十二分に伝える効果はなかった。

「一方で、第三の選択肢を取った場合でも、二つの空母部隊を同時に台湾海峡に送り込むことは中国を刺激し過ぎるという懸念《けねん》があった」

当時の状況を振り返り、ペリーはそう回想する。

結果的にペリーとシャリカシュビリは「第四の選択肢」を実行する。すなわち、二つの空母部隊を中国と台湾本島に挟まれた台湾海峡内ではなく、台湾の太平洋側の海域に派遣することにしたのである。

中国によるミサイル発射演習を受けて、米国防総省が台湾周辺海域に派遣したのは日本の横須賀を母港とする第7艦隊のシンボル、空母「インディペンデンス」を中核とする戦闘グループだった。

この頃、すでに「インディペンデンス」は不測の事態に備えて台湾周辺から三百数十キロの位置に展開。その後、新たに誘導ミサイル駆逐艦「ヒューイット」とフリゲート艦「マクラスキー」を増派し、中国側の出方を窺《うかが》っていた。

三月半ば、ペリーらの決定を受けて、ペルシャ湾で待機していた原子力空母「ニミッツ」を中核とする合計八隻《せき》の空母機動部隊も台湾近海へ向かった。ペリーの計算では、ニミッツが台湾周辺海域に到着するのはそれから「十日から十二日」前後だった。これなら中国が公表していた二十五日までの演習期間にはギリギリ間に合う計算となる。

空母一隻、巡洋艦一隻、駆逐艦二隻、フリゲート艦一隻、原潜一隻、補給艦二隻で構成される「ニミッツ・グループ」はその時点で、すでに台湾近海に配備されている「インディペンデンス」を中心とする艦隊五隻と合流した。

その結果、台湾周辺に展開する米艦隊は二つの空母部隊で合計十六隻。その戦力は艦載機で百十〜百三十機程度、さらにトマホーク巡航ミサイル二百基などを含め、この海域に展開する米軍戦力としてはベトナム戦争以来、最大級の規模に膨れ上がろうとしていた。

これほど切迫した事態にもかかわらず、この時点で日本政府はまだ台湾海峡での出来事をどこか「対岸の火事」を眺めるような姿勢で見守っていた。

「公海上であり他国の権益を侵す問題がない限り、国際法上違法という根拠はない」――すでに中国軍が台湾沖に向けて四発目のミサイルを発射するなど演習が拡大していた時点で、当時の宰相・橋本龍太郎《りゅうたろう》は衆院外務委員会(十三日)での答弁で、こう述べている。

ワシントンでの動きを独自の危機管理アンテナを目一杯伸ばして探っていた在日米軍司令官のリチャード・マイヤーズは「ここが正念場」とばかりに腹を括《くく》り、東京・横田の執務室で盗聴防止装置の付いた受話器に手をかけた。

電話の相手はクリントン政権が「オオモノ大使」として送り込んでいた駐日米大使のウォルター・モンデールだった。

元副大統領という十二分な肩書にもかかわらず、日本におけるモンデールの評価は今一つだった。その理由の一つとして、日米安保体制に関するモンデールの理解不足をあげる関係者は少なくない。

「現在の台湾海峡を巡る状況について、日本の外務省などに十二分な説明をしましたか?」

マイヤーズの問いかけに対して、モンデールの返事は案の定、「いや、まだしていない」というものだった。

モンデールの返答に愕然《がくぜん》としたマイヤーズは心中で「台湾海峡で何が起こっているかを何も知らず、そのことについて熟慮もできないまま日本がこの紛争に巻き込まれていくのはおかしい」と結論付け、こう畳み掛けた。

「そうした方が良いとは思いませんか?」

ワシントンで増している緊迫感を背景に、そう説得するマイヤーズの迫力に押されたモンデールはその場で、「その通りだ(Absolutely.)」と日本政府へのブリーフィングを承諾した。

数日後、マイヤーズはモンデールとともに外務省に赴き、外相の池田行彦と向き合うとこう切り出した。

「現時点で我々が行っていること、そして、その背後にある意図をご説明したいと思います」

横須賀を母港とする空母「インディペンデンス」が台湾近海に展開して、中国を牽制する。その後方では別の空母部隊もにらみを利《き》かす――。

その構図は日本政府関係者にとって、「悪夢」と言っても過言ではなかった。一九九四年の第二次朝鮮戦争危機の際も日本政府は戦争準備も視野に入れていたクリントン政権に対して、及び腰の姿勢を見せていた。

だが、当時から日本が最も恐れていたのは「朝鮮半島有事」よりも、隣国・中国を日米安保条約の対象として取り扱わなければならない「台湾海峡有事」の方だった。「いざとなったら、北朝鮮程度なら日米安保でどうにでもなる。しかし、中国が絡《から》む台湾問題だけはまだ、そうは言い切れない……」

当時の外務省高官は匿名《とくめい》を条件にそう語り、日本が「台湾問題」について何ら対応策をまとめられていないことを言外に認めていた。

そうした日本の状況を踏まえず、ワシントンでは日本に駐留する第7艦隊を中心として、台湾海峡有事に向けた態勢を整えようとしていた。マイヤーズから見ると、ペリーらを中心とするワシントンでの緊迫したやりとりはこの時点で一切、日本政府中枢《ちゅうすう》には知らされていなかった。

「現在の軍事演習が戦争につながることはない」と述べながらも、ペリーら米政府中枢は「中国は軍事大国ではあるが、西太平洋地域で最強の軍事力を持つのは米国であることを思い起こすべきだ」(十九日の米下院の式典でのペリーのあいさつ)など強気の発言を繰り返している。

台湾への軍事的威嚇という蛮行に対して、二隻の空母派遣という「明確なシグナル」(ペリー)を送った米国の意図を中国が万が一にも読み誤ったらどうなるのか。米中双方が突っ張りあった結果、双方とも意図していなかった武力衝突という最悪のシナリオに至った場合、果たして日米安保体制は健全に機能するのだろうか——。

そんな懸念を心中から消せなかったマイヤーズは太平洋軍司令部や国防総省の国防長官室、統合参謀本部などと頻繁に連絡を取り、ホワイトハウスを中心に進む米軍の対応策について情報の収集・精査に全精力を注いだ。

「すべては我々の計画がどのようなものであるかをパートナーである日本に伝えるためだった」

二〇〇七年秋、現役を退き、今は米国防大学で世界各国の士官を相手に教鞭《きょうべん》を取るマイヤーズはそう振り返る。

文民同士のコミュニケーション・ルート確保に一役買ったマイヤーズは最後の詰め

も怠らなかった。

まだ中国軍による軍事演習が続いていた三月十四日、マイヤーズは日本の制服組トップである統合幕僚会議議長の西元徹也と面会し、台湾海峡情勢について意見を交換した。

「偶発的な衝突が起きる可能性は否定できない」

席上、マイヤーズは西元とこうした認識を共有している。その上で、台湾海峡の軍事情勢を巡り、双方が入手した最新情報を随時交換しながら「不測の事態」に備えることを申し合わせたのである。

三月二十五日、中国人民解放軍は十八日から台湾海峡北部で実施していた陸海空三軍合同演習を終えた。国営通信社の新華社はこの演習を「成功のうちに終了した」と総括。同時に二十五日午後六時（日本時間同七時）から、同海域と空域への船舶と航空機の立ち入り禁止を解除した、と伝えた。

「中国は軍事演習を終え、自陣へ撤収した。（総統選挙をめぐる中台の）危機は今や過ぎ去った、と理解している」

翌二十六日、ペリーはワシントン市内での講演でそう述べ、台湾海峡危機の終結を宣言した。この時、すでにペリーは台湾近海に派遣していた空母「インディペンデンス」に対して、母港・横須賀へ帰還するよう指示を出し、もう一方の原子力空母「ニミッツ」についてもその翌週末までにオーストラリアへ移動させることを決めていた。台湾海峡を巡る軍事的緊張はこうして峠を越えた。だが、この中台危機は日米双方の安保当局に大きな教訓を残すとともに、当時、水面下で進んでいた日米安保体制の再確認作業にも強い「追い風」をもたらす結果ともなった。台湾海峡危機が発生した前年の夏、沖縄での米兵による少女暴行事件を契機として日米両国では冷戦終結後の日米安保体制に対して、懐疑的な目が強まっていた。そうした重苦しい空気が台湾海峡危機という「台風」によって、文字通り一掃されたのである。

余談だが、この半年後、米中間の台湾海峡危機はその姿形を変えて、日米間の問題へと発展することになる。台湾海峡危機が火付け役となって、日本と中国の間に勃発した尖閣《せんかく》諸島を巡る領有権争いがそれである。

「米軍は尖閣諸島の紛争に(武力攻撃を受けた際)介入する日米安保条約上の責務は有していない」

台湾海峡危機もすっかり過ぎ去った一九九六年九月、米ニューヨーク・タイムズ紙に対して、モンデールは日中両国が領有権を主張し合っている尖閣諸島を巡り、こう返答したとされている。

尖閣諸島を「わが国固有の領土」と主張する日本から見て、尖閣諸島も当然のことながら、日米安全保障条約に基づいて米国の防衛対象となる。沖縄本島などと一体の存在として、第三国から攻撃を受けた場合は「米国が直ちに防衛出動する」というのが日本政府の公式見解だった。

だが、モンデールの発言はあたかも日本政府の公式見解を真っ向から打ち消し、「尖閣諸島には日米安保条約は適用されない」と公言しているようにも聞こえた。

これに対して、日本の保守派は一斉に反発した。その先陣を切ったのが後に東京都知事に就任する元運輸大臣の石原慎太郎である。実際、石原はこの後、何度もこの「モンデール発言」に触れ、日米安保体制への不信感を露《あらわ》にしている。一九九九年四月、都知事選に立候補した石原は朝日新聞との会見でこう述べている。

「尖閣諸島の領有権が問題化した時、モンデール（前米国大使）は、あんなもののために安保は発動しないといい、同じころ沖縄では少女が暴行された。これはもう、普天間基地返還とかいうレベルの話じゃない。すべての米軍基地は出ていってくれ、沖縄にも東京にもいらない、というべきだ」

九六年秋、日中間では日本の政治結社が尖閣諸島に灯台を建設したのを契機として、同諸島の領有権を巡る議論が激化していた。こうした事態について、米側は国務長官のウォーレン・クリストファーらが「米国はどちらの立場も取らない」と発言するなど原則不介入の「中立姿勢」を取った。ニューヨーク・タイムズ紙との会見で「米国はだれが尖閣諸島を領有するかについては特に立場を取らない」などとしたモンデールの発言もこうしたクリントン政権の意向を反映したものだった。

最終的にこの「モンデール発言」問題は当時、国防総省で対日政策を一手に引き受けていた国防副次官補のカート・キャンベルが巧みな「火消し役」を演じたことで沈静化した。キャンベルは一九九六年十一月二十七日、読売新聞との会見の中でこう述べている。

「一九七二年の沖縄返還協定は尖閣諸島が日本の施政の下に置かれることを規定しており、この点に関して我々が安全保障上、求められているものは明確だ」

尖閣諸島について「日本の施政下」という表現を使うことで、日中双方が争っていた主権・領有権問題にまでは踏み込まないという知恵をキャンベルは搾《しぼ》り出した。その一方で、キャンベルは有事の際に尖閣諸島についても米国の防衛義務が生じるとの見解を示し、安保条約上の義務履行を明言したのである。

読売新聞によれば、この時、キャンベルは以下のように答えている。

「安保面での状況は明確だ。米国は（日米安保条約）第五条に基づいて日本に対して（有事の際の日本防衛を）強く誓約している。我々はこの誓約を順守する。（同条約で）米国に日本の領土と施政権（の防衛）を支援することを求めている言葉は明確であり、七二年の沖縄返還協定は、尖閣諸島が日本政府の施政の下に置かれることを具体的に明記している」

台湾海峡危機で緊張の度合いを高めたばかりの中国をいたずらに刺激したくはない。かといって、冷戦終結で漂流状態にあると言われた日米同盟をこれ以上、不安定にもしたくない――。

異なる外交目的を同時に達成すべく、キャンベルが生み出した苦肉のコメントは後にクリントン政権の最終的な「統一見解」となった。

「日米安保条約が最良の選択であり、アジア太平洋の安定と繁栄のため安保を活《い》かしていく強い意思があった」

一九九六年四月十二日、首相官邸。

満面に笑みを浮かべた宰相・橋本龍太郎の横には駐日米大使のモンデールが立っていた。

この日、急遽《きゅうきょ》開催した記者会見で二人は沖縄米軍基地の中でも「住民負担」の象徴的な存在となっていた米軍普天間基地をその時点から「五～七年以内」に日本に全面返還することで正式に合意したことを発表した。

会見の席上、橋本は普天間返還について「現在の国際情勢の中で沖縄の人々の強い要望に可能な限りこたえるものだ」と表明した。これを受けてモンデールも「米軍はよき隣人でありたい。日米安保が来世紀への永続的な同盟となる一助となることを希望する」と語り、普天間返還合意の意義を強調した。

その三日後、日米両国政府は外務・防衛担当閣僚で構成する日米安全保障協議委員会（2プラス2）を開き、沖縄の米軍基地の整理・統合・縮小問題に関する日米特別行動委員会（SACO）の中間報告を了承、発表した。

中間報告には、橋本が発表した「普天間基地の五～七年以内の全面返還」や北部訓練場の半分返還、楚辺《そべ》通信所、ギンバル訓練場など合わせて十一施設の返還が列挙された。これらの合計面積は沖縄の在日米軍が使用している施設・区域面積の約二割に相当し、七二年の沖縄本土復帰の際の返還面積（約四千三百ヘクタール）を上回る規模にまでなっていた。

全《すべ》ての舞台設定が終わった一九九六年四月十七日、国賓として来日した米大統領、ビル・クリントンは橋本との首脳会談で、極東有事の際の日米防衛協力を本格的に検討することで合意した。

席上、両首脳は冷戦終結後の日米安保体制の重要性を再確認した「日米安保共同宣言」と日米関係全般の協力強化に関する総括文書にも署名した。

「安保関係を強化するためのものであり、（日米安保体制の）転換というよりも今後、さらに成熟したものに育てていくプロセスだ」

会談後の記者会見で、クリントンはこう述べ、日米同盟が二十一世紀にも耐久性のある「公共財」として、その役割を果たしていくべきだとの考えを強調した。

これに対して、橋本も極東有事の際の日米防衛協力の推進に関連して、「危機が生じた時に日米安保体制が円滑に機能し、効果的に運用するため、日米協力で出来ることと出来ないことの研究をきちんとしなければならない」と述べ、日米防衛協力の指針（ガイドライン）の見直しを軸に共同対処研究に取り組んでいく意向を表明した。

クリントン‐橋本の両首脳が採択した安全保障に関する日米安保共同宣言の要旨は以下の通りである。

日米間の強固な同盟は冷戦期のアジア太平洋地域の平和と安全保障に寄与し、今なおこの地域の経済発展の基礎となっている。

両首脳はこの地域の安定と安全保障を脅《おびや》かす要因に対処するため、日米安全保障条約の重要性を再確認した。

アジア太平洋地域は同時に、不安定かつ不透明な要因も抱え、特に朝鮮半島で緊張が続いている。未解決の国境紛争や潜在的な地域紛争、大量殺戮《さつりく》兵器の拡散などが、不安定の原因である。

アジア太平洋地域の安定と繁栄のため、日米両国と中国との協力関係強化、日ロ関係の完全正常化が重要。また朝鮮半島の安定に向け、韓国との緊密な協力の上で、努力を続ける。

両首脳は、日本の防衛に最も大切な枠組みは、緊密な二国間防衛協力であると同時に、米軍のプレゼンスがアジア太平洋地域の平和と安定に不可欠であると合意。米国は現状程度の在日米軍を含む十万人の前方展開兵力を維持する。日本はこれに対し、引き続き協力していくことを確認した。

日米は安全保障に関する包括的な議論を行ってきたが、安保協力の見直しについて、日米防衛協力のための指針（ガイドライン）を再検討する。将来起こりうる国際的な安全保障の環境変化に対応して、両国政府は防衛政策、部隊構成についても緊密な協議を続ける。その中には日本に駐留する米軍の構成も含まれる。

米軍施設が集中する沖縄県民に感謝し、沖縄米軍基地の整理・統合・縮小を進めることを再確認。「沖縄の施設・区域に関する特別行動委員会」（SACO）を通じ、九六年十一月までに結論を出す。


首脳会談を終えたクリントンは翌四月十八日午前、衆院本会議場で衆参両院議員を前に約二十分間にわたって演説した。

この中で、クリントンは冷戦後の日米安保体制について「アジア安定の要石であり、両国と世界に恩恵をもたらす」と指摘。その上で「米軍がこの地域から撤退した場合、高価な軍拡競争が始まり、北東アジアの不安定化を招く」と述べ、アジア太平洋地域における前方展開戦力として、四万四千人の在日米軍を中核とする「米軍十万人体制」を堅持する考えを強調した。

「日米は世界最大の経済大国、最強の民主主義国として、二十一世紀に向けて同盟関係を強化しなければならない」

就任当初、「外交音痴」「日米関係軽視」などと揶揄《やゆ》されたクリントンは日本の国政の中心でそう力強く呼びかけた。

それは台湾海峡危機後、極東有事の際の日米間の安保協力体制について「日本政府にリードしてもらわないと（検討作業を）開始できない」と語気を強めたマイヤーズの問題意識を米軍の「最高司令官（＝大統領）」が共有した瞬間だった。

それから二ヵ月後の一九九六年六月十八日、すべてを見届けたマイヤーズは約二年半の任期を無事に終えて、在日米軍司令部を後にした。

第三章

米軍組織と在日米軍司令部

嘉手納基地に配備されたＦ22（米空軍提供）

2プラス2

「自分が防衛庁長官のカウンターパートという位置付けでは駄目だろうか」――。

二〇〇五年初春、東京・赤坂にある米大使館の会議室で在日米軍司令官のブルース・ライトはそう切り出した。

突然の申し出に駐日米大使のJ・トーマス・シーファーは一瞬、戸惑いの表情を顔に浮かべた後、こう言った。

「いや、貴兄のカウンターパートはこれからも統合幕僚会議議長であるべきではないか……」

政府間の交流には外交儀礼上、様々な取り決めがある。同じ外務省同士でもそのランクや職制によって、面会できる相手は自動的に限定される。

たとえば、米国に駐在している日本大使の場合、そのカウンターパートは国務省ではナンバー2の国務副長官や、ナンバー3の政治担当次官が応対するのが一般的とされる。ホワイトハウスでは国家安全保障会議（NSC）のナンバー2である「国家安全保障問題次席担当補佐官」がその任に当たる。

こうしたルールに加え、さらに「文民」と「制服」との間には大きな壁が存在する。いわゆる文民統制（シビリアン・コントロール）の観点から言って、制服組が安易に文民の政策担当者に直接コンタクトするのは好ましくない、との判断があるためである。戦後、連合国最高司令官総司令部（GHQ）が草案を作った平和憲法を守り、「国際紛争を解決する手段として、武力を行使しない」と誓った日本において、文民・制服間の密接な交流はある種の政治的タブーとされてきた面も否《いな》めない。

長い日本駐在経験を持つライトがそうした日本の「特殊事情」を知らないわけもなかった。それでもライトは敢《あ》えて、日本という任地において、「同期の桜」のような存在として意気投合したシーファーに大胆な提案を申し出た。その動機は「日米安保体制を強化するためには在日米軍と日本政府との距離をより近いものにする必要がある」という長年の問題意識に根ざしていた。

ライトにとって、その理想形は内閣総理大臣が開催する安全保障会議に日本の外相、防衛庁長官とともに駐日米大使、在日米軍司令官が随時、臨機応変に参加し、米側の最新情報をくまなく日本のトップに提供する、というものだった。雛形《ひながた》はもちろん、米ホワイトハウスで大統領が開催する国家安全保障会議における「プリンシパル・ミーティング」と呼ばれる安保・外交政策に関する最高意思決定会議である。それに似た芽を日米安保の枠内でも育て、日米共同の情報共有の場所創設につなげていくという「長期構想」と言ってもいい。

そのための第一歩として、在日米軍司令官が防衛庁長官と定期的な協議の場を設けるべきではないか――。

それがライトの出した結論だった。

日米間の伝統的慣習にとらわれないライトの発想に対して、弁護士出身のシーファーはより現実的だった。

第一に、外交上の取り決めから言っても在日米軍トップのライトが駐日大使の頭を越えて防衛庁長官に直接面会するのは受け入れられることではなかった。

冷戦時代から日米同盟の管理業務は主として、米国防総省と日本の外務省が担当してきた経緯を踏まえても、シーファーが防衛庁長官との「パイプ」をライトに手渡すことは想像できなかった。

実際、この後、シーファーは在日米軍再編問題の渦中《かちゆう》で、防衛庁長官だった額賀《ぬかが》福《ふく》志《し》郎《ろう》と個人的な信頼関係を築き、普天間基地移設問題や、沖縄に駐留する米海兵隊のグアム島移転問題などで「縁の下の力持ち」的な役割を演じていた。

二〇〇六年四月十三日、在日米軍再編問題の中心的存在だった普天間基地移設問題について、地元・沖縄との調整を終えた額賀は日米外務・防衛審議官級協議に出席するため来日した米国防副次官、リチャード・ローレスと会談した。協議の議題は沖縄に駐留する米海兵隊のうち、家族も含めた一万七千人をグアム島に移転させるための費用負担だった。

この場で、額賀は米側が「約百億ドル」と見積もる総額の抑制を要求した。だが、国防長官のドナルド・ラムズフェルドから全幅の信頼を勝ち取っているローレスの態度は硬かった。

「そもそも海兵隊の移転については日本が『負担の軽減』として要請してきたものではないか」――。

そう主張して七十五億ドルを日本側に負担するよう強く求めるローレス。その態度に業《ごう》を煮やした額賀は「お金も絡《から》んでいることであり、事務レベルでは決着できないだろう」と告げた上で、自らが訪米してラムズフェルドと直接対話することで事態打開を図りたい旨《むね》を申し出た。

だが、ローレスは額賀の訪米に「反対だ」と言い張った。執拗《しつよう》なローレスの物言いを「ラムズフェルド長官にすべてを報告していないのではないか」と額賀は解釈した。

ここで額賀は駐日大使のシーファーに救いの手を求めている。

「トップで話し合わないと埒《らち》が明かない」

そう訴える額賀に対して、シーファーは「自分に任せて欲しい」と二つ返事で応じた。

出発ぎりぎりまでラムズフェルドとのアポイントメントを取れずにいた額賀を後方から支援したのは、シーファーによるラムズフェルドへの深夜の「ホットライン」だった。

結果、額賀とラムズフェルドは無事に会談を終え、グアム移転費用問題で大筋合意に達した。その背後には、額賀・ラムズフェルド関係を取り持ったシーファーの見えない「ファイン・プレー」があった。

これ以来、シーファーと額賀は一定の気脈を通じ、額賀の在任期間中は日米間の同盟管理も従来になく、円滑に進んだ。

日米関係全般を見渡す「危機管理の司令塔」（米大使館関係者）と言われる駐日米大使にとって、日本の防衛当局の頂点に立つ防衛庁長官との太いパイプが不可欠なものであることをシーファーはこの経験から学んだのである。

シーファーがライトの提案に難色を示した理由はそれだけではなかった。

二十一世紀に入った今、日米両国政府は二国間同盟に基づいて、安全保障政策を協議する基本的なプラットフォームとして、双方の外務・防衛担当閣僚で構成する「2プラス2」を随時、開催している。

今では半ば常識化している「2プラス2」の原型は一九六〇年まで遡《さかのぼ》る。

冷戦が本格化し始めた当時、日米両国間には安保・外交政策を真剣に論じる協議機関が整っていなかった。当初、米側は必要に応じて「米大使館のナンバー3である政務担当公使と在日米軍司令官」(防衛省幹部)を送り込み、外務大臣や防衛庁長官らとの協議に臨ませていた。

一九六〇年を境に米大使館からの出席者は政務担当公使から駐日大使、米軍からは在日米軍司令官から太平洋軍司令官へと変わったが、日本側が双方とも閣僚を送り込むのに対して、米国側は現場(日本・ハワイ駐在)の担当官レベルというバランスを欠いた構造であることに大差はなかった。

時に「片務的」と言われ、時に「長兄・末弟の関係」と揶揄《やゆ》された日米同盟の実態を象徴するかのような日米安保対話のフォーマット。それは日本の安保政策に携わるすべての人間にとって、「歪《いびつ》な日米同盟を象徴する屈辱的なもの」（防衛省幹部）だったと言っても過言ではなかった。

そうした積年の思いを背景に、日本側はこの協議機関の「格上げ」を同盟管理上の戦略目標に掲げた。その後、日本側は日米双方の外交・安保担当閣僚を一堂に集め、アジア太平洋情勢などについて突っ込んだ意見交換に臨む「2プラス2構想」をまとめ上げたのである。

日本の宰相・中曽根《なかそね》康弘が日本を「不沈空母」に喩《たと》えて物議を醸《かも》したレーガン米政権時代の「日米蜜月《みつげつ》時代」を経た一九九〇年六月――。

元外相の安倍晋太郎は日米安保改定三十周年を記念して訪米し、この「2プラス2構想」を米側に改めて提案した。

この時、ロナルド・レーガンの後を継いで第四十一代アメリカ合衆国大統領に就任していたのはジョージ・H・W・ブッシュだった。レーガン時代の円滑な日米同盟関係を「政治的な遺産」と見立てたブッシュは安倍の提案を即座に受け入れ、九一年秋をメドに初の本格的な「2プラス2」を開催することで同意している。

だが、実際には日米双方の担当閣僚の日程調整が不調に終わり、この「2プラス2」構想は実現に至っていない。その背景に旧ソ連との対話や中東和平構想に全精力を注いでいた国務長官のジェームズ・ベーカーが日本の閣僚との定期協議に一切興味を示さなかったことがあったことはあまり知られていない。

当時、米側の国防長官、ディック・チェイニーと国務長官のジェームズ・ベーカーは毎週水曜日に朝食を共にし、外交・安保政策に関する意見交換を重ねていた。席上、日米安保を重視するチェイニーは再三、ベーカーに「2プラス2」開催に応じるよう、説得を続けたが、「最後までベーカーが首を縦に振ることはなかった」と、当時の米国防総省幹部は証言する。

結局、「2プラス2」が実現するのは、皮肉なことに「対日関係軽視」と揶揄されたクリントン政権下の一九九四年三月まで待たなければならなかった。

クリントン政権の国務長官、ウォーレン・クリストファーはその前年の九三年七月、外相の武藤嘉文《かぶん》と会談した際、双方の閣僚の日程調整が難しいことから四閣僚全員が出席することに拘《こだわ》らない形式を提案された。最終的に米側もこれを受け入れ、九四年三月十一日に初の「2プラス2」が実現した。米側からはクリストファーの提案に従って、国防長官の「代理」として、ナンバー3の政策担当次官、フランク・ウィズナーが安保担当として出席するという変則スタイルだった。

日本側がその構想を完全な形で実現させたのは、それからさらに一年半後の一九九五年九月二十七日のことである。

ニューヨーク市内のホテルに日本側から副総理兼外相の河野《こうの》洋平と防衛庁長官の衛藤征士郎、米側からクリストファーと国防長官のウィリアム・ペリーが顔を揃《そろ》えた。

約二時間に及んだ協議で、双方は冷戦後も日米同盟が「アジア太平洋地域の平和と安定の維持のために不可欠」との認識で一致した。その中核的存在である在日米軍の駐留経費に対する日本側の支援継続についても、「日本における米軍の前方展開を支える重要な要素」との見解で折り合っている。

日米両国の安保・外交担当閣僚が一堂に会した「2プラス2」は二十一世紀も日米同盟体制が存続していくことを内外に喧伝《けんでん》することにもなった。ブッシュ前政権下の九〇年に開催を合意してから実に五年越しの出来事だった。

構想から実現まで実に五年近くの歳月を費やした上で、ようやく実現に漕《こ》ぎ着けた「2プラス2」――。

それは日本の安保・外交サークルにとって、一つの金字塔である半面、常に日本がこの同盟関係において「劣位」にあるという現実を思い知らされてきた負の歴史の積み重ねでもあった。

こうした経緯を少なからず学んでいるシーファーから見て、ライトの提案は難産の末に生み出した二国間安保協議メカニズムである「2プラス2」を再度、形骸《けいがい》化させる危険性をはらんでいた。

一方のライトは正規の「2プラス2」を補完するような形で、シーファー・ライトのコンビが日本の安保・外交担当閣僚と定期的に意見・情報交換に臨めないか、と考えた。

現在は日本側の原案通り、日米双方の安保・外交担当閣僚全員が顔を揃えることが常態化している「2プラス2」だが、その頻度はなお年に一回程度にとどまっている。しかし、北朝鮮による核・ミサイル開発を巡る動向や、中国人民解放軍の近代化など刻一刻と変わるアジア太平洋地域の安全保障環境を踏まえれば、こうした日米間の意見・情報交換はより機動的に行う必要がある。

こうした問題意識がライトを駆り立てた。結果的にシーファーの「拒否回答」によって、ライトの構想は日の目を見ることなく、お蔵入りとなった。

だが、この後に発生した北朝鮮によるミサイル・核実験という危機などを経て、「ミニ2プラス2」とでも言うべきライトの構想が再度、米国の安保・外交サークルで注目される可能性も完全には否定できない。

張子の虎《とら》

「北朝鮮によるミサイル・核実験の際、PACOMとUSFJ、それに大使館が絶妙な連携をした結果、日本の首相官邸にタイムリーな情報を提供できたと自負している」

「ミニ2プラス2」構想を水面下でシーファーに打診するなど、在日米軍司令部の存在感アピールに尽力するライト。だが、そのライトの奮戦振りに対して、日本側では戸惑いにも似た空気が広がっている。

「どんなに頑張ったところで結局、横田（在日米軍司令部）は有事における指揮権を持たない、『張子の虎』のようなものだから……」

その理由を、ある防衛省幹部はこう説明する。

俗に「在日米軍」と一括《ひとくく》りにされることが多いが、その組織・指揮系統は複雑極まりない。

まず、トップに立つ在日米軍司令部（司令官）の下にはそれぞれ在日米陸軍司令部

（司令官）、在日米海軍司令部（司令官）、在日米空軍司令部（司令官）、在日米海兵隊司令部（司令官）が存在する。

このうち、在日米空軍司令官は第5空軍司令官を、在日米陸軍司令官は第1軍団（前方）司令官を、さらに在日米海兵隊司令官は第3海兵遠征軍（MEF）司令官を兼務する。一方、第7艦隊には在日米海軍司令官とは別の司令官が任命されている。

名目上、在日米軍司令部は日本に駐留する陸、海、空三軍と海兵隊のそれぞれの司令部（司令官）を束ねることになっている。だが、実際にはそれらはすべてまとめてハワイに本拠地を置く太平洋軍司令部（PACOM）の下部組織となっている。

たとえば、在日米陸軍司令官はPACOMの配下にある太平洋陸軍司令官、そして在日米空軍司令官は太平洋空軍司令官の配下にある。その結果、必然的に陸軍の第1軍団司令官も海兵隊の第3海兵遠征軍司令官もそのカバー範囲は日本を超えて、アジア太平洋全域に広がることになる。

この中で、注目すべきなのは有事の際の中核的な「実戦部隊」となる第7艦隊の司令官が太平洋艦隊司令官に、そして第3海兵遠征軍の司令官が太平洋艦隊海兵隊司令官に帰属している点である。

旗艦「ブルーリッジ」をはじめ、十七隻《せき》の艦船とF／A18など百機の艦載航空機からなる第7艦隊は在日米軍のシンボル的存在であり、空母「キティホーク」を中核とする空母戦闘グループがアジア太平洋地域における米軍プレゼンスの礎《いしずえ》になっていることは周知の事実である。

だが、現在の在日米軍を巡る指揮系統は、本来なら在日米軍のトップであるはずのライトが日本有事、あるいは極東有事の際、日本に駐留する米軍戦力に対する直接の指揮権を保有していないことを意味している。

在日米軍司令部の前身である極東司令部当時、日本に駐留した米陸軍の「四ツ星（大将）」、ダグラス・マッカーサーはもちろん、日本に駐留していた全米軍戦力に対する指揮権を掌握していた。だが、在日米軍司令部トップはその後、米空軍に属する「三ツ星（中将）」に格下げとなり、日本に駐留する三万五千五百人弱（陸軍＝約一千七百人、海軍＝約四千三百人、空軍＝約一万三千五百人、海兵隊＝約一万六千人）の在日米軍に対する有事指揮権も在日米軍司令官には与えられなかった。

日本、あるいは極東有事の際、日本に駐留する米海兵隊、米第7艦隊など主力攻撃部隊の指揮権は一義的にもライトではなく、それぞれの部隊を直轄《ちょっかつ》する同格の三ツ星の司令官にある。さらに各実戦部隊の連携・統合を図る司令塔は米国・ハワイにあるPACOM配下にある三軍（海兵隊を含む）司令部という「二重、三重の構造」（外務省幹部）となっている。

在日米軍の組織図を概略すると左ページのようになる。

これを作戦指揮系統図に変換すると、頂点に立つのは同じ太平洋軍司令官だが、以下の流れは①太平洋艦隊海兵隊司令官→在日米海兵隊司令官、②太平洋陸軍司令官→在日米陸軍司令官、③太平洋空軍司令官→在日米空軍司令官、④太平洋艦隊司令官→在日米海軍司令官・第7艦隊司令官――となり、在日米軍司令官はどの流れにも属していない。すなわち、在日米軍司令部は日本に駐留する各米軍に対して、調整機能は持つものの、作戦指揮権は持っていないことになる。

有事の際の作戦指揮権を持たない在日米軍司令部――。

「平時において、何かと問題が生じる在日米軍基地の管理業務」（防衛省幹部）が主要任務とされる、在日米軍司令部の実態は日本政府関係者の誰もが認めるところでもある。

「平時のＵＳＦＪ、有事のＰＡＣＯＭ」（別の防衛省幹部）と言われる日米安保体制の実情。それはそのまま在日米軍司令部の役割・任務、位置付けを決めることにもなる。

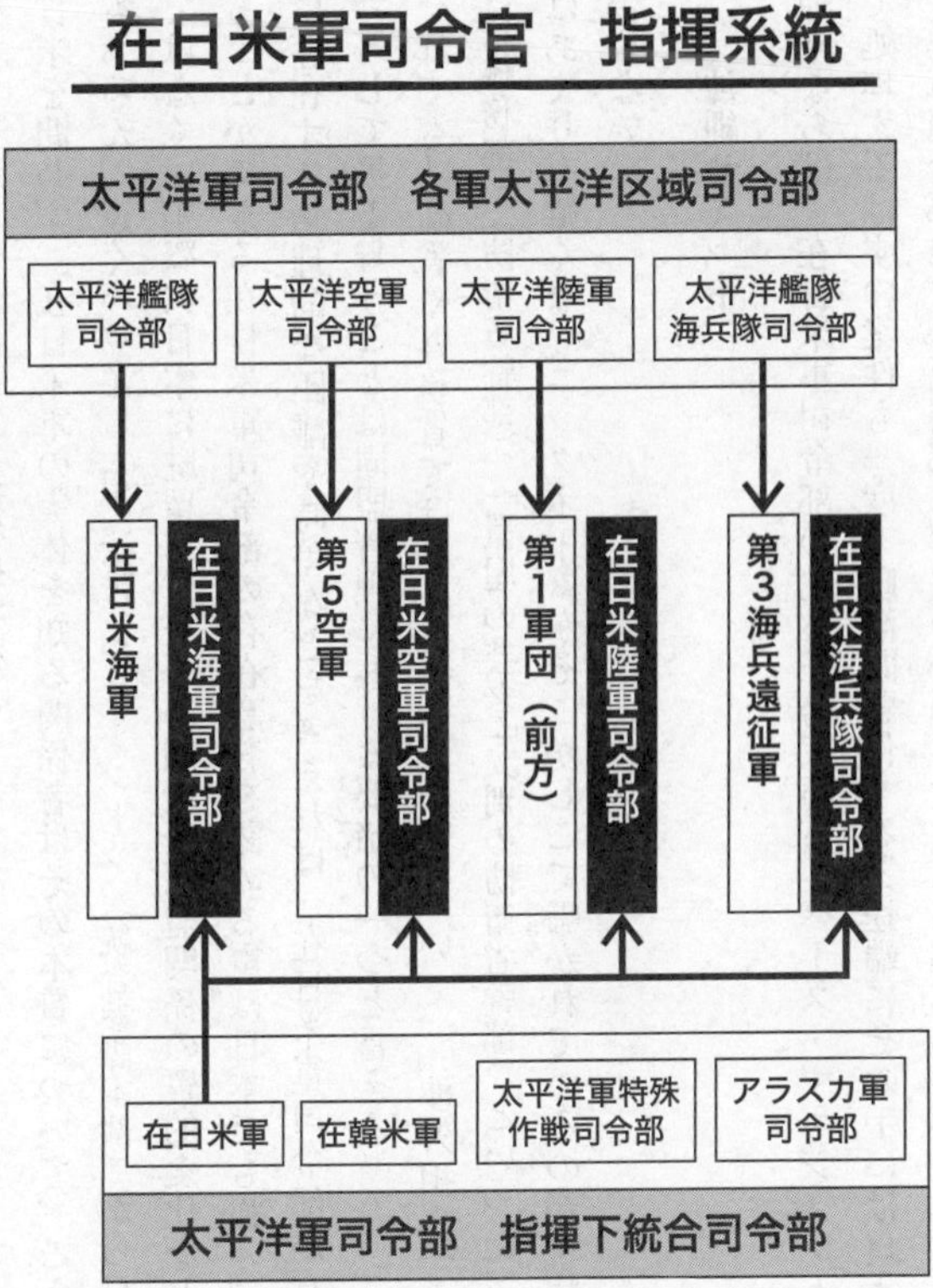

第７艦隊司令部、第13空軍 第1分遣隊、その他前方展開された部隊は在日米軍司令部の運用指揮下にはない

「ベース・マネジメント（基地管理業務）」

日米を問わず、在日米軍の実体を知る関係者はその本質について、こう口を揃える。もちろん、遠くハワイ（太平洋軍）やワシントン（統合参謀本部）から日本を眺めるのではなく、実際に日本に駐留し、日本の国情や同盟関係の質的変化などを身近に感じることができる在日米軍司令部の存在意義を認める声は日本でも強い。太平洋の両岸に存在する物理的な距離や時差などを考えれば、在日米軍司令部が有能な「通訳者」として振る舞うことは同盟管理における要諦《ようてい》の一つと言える。

それでも防衛省や外務省では在日米軍司令部について、「渉外担当」（外務省幹部）、「対日総務部」（防衛省幹部）、「置屋の芸者」（別の防衛省幹部）といった、ライトにすればあまり有難くないニックネームがそこかしこで囁《ささや》かれているのが現状であることは否《いな》めない。

沖縄サミット

通常ならば、在日米軍司令部の主体任務である「ベース・マネジメント」の一環として処理するはずの案件も一度、政治問題化すると途端にその手には負えなくなり、太平洋軍司令部などの上層部に解決を委《ゆだ》ねるケースも出てくる。

二〇〇〇年夏に初の主要国首脳会議（サミット）開催を控えた沖縄で発生した米兵による婦女暴行事件はその典型だった。

二〇〇〇年七月三日未明、沖縄米軍・普天間飛行場に所属する十九歳の米海兵隊員が沖縄市内のアパートに侵入し、就寝中の女子中学生に猥褻《わいせつ》行為をしたとして準強制猥褻などの容疑で逮捕された。

その直前に急逝《きゅうせい》した故・小渕恵三《おぶちけいぞう》首相の肝いりで実現に漕ぎ着けた九州・沖縄サミットを目前に控え、サミット歓迎ムードが高まっていた沖縄県内では一転、米軍に対する抗議と批判の動きが再び強まった。

「米軍はサミットを前に綱紀粛正をしていたはずなのに、出来ていなかった。米軍の撤退を求めていくしかない」

そこかしこから漏れる声に対して、沖縄県知事の稲嶺惠一も遺憾の意を表明して追随した。

誰もが顔をしかめる痛ましい事件はその五年前に発生した米兵による少女暴行事件を即座に髣髴《ほうふつ》させた。その際、日本政府の初動が遅れたこともあって、沖縄では米軍基地に対する反対運動が一気に激化、日米同盟体制の危機的状況にまで発展している。

こうした経緯を踏まえ、日本政府は「五年前の再現になりかねない」（外務省幹部）と警戒感を強め、事件後、直ちに外務省の沖縄担当大使だった野村一成を通じて米側に強く抗議した。

通常、こうしたケースでは基地問題の担当司令部として、在日米軍司令部が前面に出ることが多い。実際、五年前の暴行事件の際は先述したようにマイヤーズ司令官が日米両国政府間を縦横無尽に駆け回り、ダメージ・コントロールに努めている。

だが、「サミット開催」という政治的要件も絡《から》んでいた今回のケースは少しばかり、事情が違っていた。

すでにこの時点（十一日）で駐米大使の柳井俊二はワシントンで記者会見し、サミットに先立って行う日米首脳会談で、日本側が沖縄で相次ぐ米軍人による不祥事問題を取り上げるとの見通しを示していた。

この時、日本での駐在経験もある太平洋軍司令官のデニス・ブレアは即座に「自分が乗り出すべきだ」と判断した。大きな「火事」になったら、五年前の暴行事件の時のように手が付けられなくなる。そう感じたブレアは「太平洋軍司令官」という職責とは関係なく、「個人的に」（ブレア）電話をかけ続けた。

「沖縄にはマグマが常にたまっている。穴を開ければ、いつでも飛び出す。すごいマグマを底に秘めているんだという認識を持ってもらわないと困る」

サミットを控え、沖縄入りした官房長官の中川秀直に対して、稲嶺がクギを刺した通り、沖縄県下では再び反米軍基地の空気が膨張していった。

事件から約十日後の十五日、度重なる米軍人による不祥事に抗議する「緊急県民総決起大会」が宜野湾市の海浜公園野外ステージで開かれ、約七千人（主催者側発表）の参加者が事件・事故の根絶を求めた。

現地の状況を横目で見ながら、ブレアはハワイにあるオフィスからワシントンの米国防総省、在日米軍司令部、太平洋艦隊海兵隊司令官らと頻繁に連絡を取り合いながら、善後策を協議した。

「我々は沖縄における米軍の足跡（フット・プリント）を減らすために、引き続きできるだけの努力をする」

日米欧八ヵ国による第二十六回主要国首脳会議に先立ち、米大統領、ビル・クリントンは二十一日午前、大統領専用機で那覇空港に到着した。その後、直ちにヘリコプターで太平洋戦争末期の沖縄戦の激戦地である糸満市摩文仁《まぶに》の丘にある平和祈念公園の「平和の礎《いしじ》」を訪れ、県民らに向けて演説している。

演説の中で、クリントンは「日米同盟を持続するために沖縄は不可欠な役割を担《にな》ってきた」と強調。同時に、「『良き隣人』であるための責任を真剣に受け止めている」と言明した。さらに首相の森喜朗との首脳会談でも「本当に申し訳ないと思う。苦痛であり、恥ずかしい」と陳謝した。

米大統領としては沖縄返還前の一九六〇年、当時のドワイト・アイゼンハワー以来、四十年振りに沖縄の地を踏んだクリントンの言葉は一定の重みを持って、沖縄県民に受け止められた。

米国出発直前まで、イスラエルとパレスチナの中東和平交渉の仲介努力を続け、東京訪問の日程をキャンセルまでしたクリントンが交渉を中断してまで沖縄入りし、地元民に向かって演説したことも好感度を上げた。

一連のクリントンの言動の裏にはブレアたちの迅速な動きがあった。この事件について、ブレア自身は「あれは本当に唯一《ゆいいつ》と言ってもいいぐらいの例外だった」と振り返る。

だが、「ほとんどの場合、（基地関連の）約九〇パーセントの案件は在日米軍司令部だけで対処できる」というブレアの言葉はそのまま、在日米軍司令部の「限界」と「ジレンマ」を代弁してもいる。

クラスター・ミーティング

在日米軍司令部が構造的に抱える閉塞感《へいそくかん》を打破するため、ライトがまず手をつけたのがこの章の冒頭でも触れた米大使館との関係改善である。

冷戦時代、駐日米大使と在日米軍司令官は日本の対米感情などを踏まえ、「つかず離れず」（米政府関係者）の関係を保っていた。外交（文民）と安保（制服）の間に明確な線を自ら引くことで、日米安保体制に懐疑的な目を向ける日本の国内世論の反発を未然に防ぐ狙《ねら》いからだった。

だが、在日米軍司令部の機能拡充を目指すライトは個人的にも組織人としても波長の合ったシーファーとの良好な関係に基づいて、その慣例を打ち破ることに成功した。

「シーファー大使が主張する米国、日本、そしてオーストラリア間の同盟強化には自分も賛同する。それに韓国も加えたい。日本、韓国双方に多くの友人がいるので、それも可能だと信じている」

そう語るライトは就任後、日米同盟の強化という問題意識を共有したシーファーと即座に意気投合した。以来、その緊密度は増し、今では「歴代の駐日大使と在日米軍司令官の中で、あれほど双方の風通しが良いのは見たことも聞いたこともない。間違いなく、過去最良の関係」と大使館詰めの米外交官らが舌を巻く。

その米大使館・在日米軍司令部の「蜜月時代《みつげつ》」を象徴する会議が東京・赤坂の米大使館内で行われるのは毎週、火曜日のことである。

火曜日の早朝、ライトは横田基地で司令官専用の軍用ヘリに乗り込むと一路、東京・西麻布にある在日米軍専用のヘリポート「赤坂ハーディ・バラックス・ヘリポート」を目指した。東京オリンピックが開催された一九六四年、大型のプレスセンターとして建設されたこのヘリポートは、在日米軍ご用達の南麻布・ニューサンノー・ホテルや、赤坂・溜池《ためいけ》にある米大使館まで車で数分の場所にあることで知られる。

午前九時前、ヘリポートから車で移動してきたライトは米大使館内の会議室に足を踏み入れる。そこではシーファー・ライト時代に始まった新しい協議機関がまもなく始まろうとしていた。

「ポリティカル・クラスター・ミーティング（政治集団会議）」――。

毎週火曜日の午前九時、米大使館の八階の大会議室には総勢四十人近くの人間が一堂に集まる。中央にある楕円《だえん》形の大テーブルの片側には大使館の首席公使（ＤＣＭ）、政治、経済、広報担当公使、安全保障問題担当課長らが顔を揃《そろ》え、その向かいにはライト以下、在日米軍司令部の副司令官や各Ｊヘッズら幹部や、時には在日米海軍、同空軍、同陸軍司令官らが居並ぶ。

「では、始めよう」

双方を見渡す中央の司会席に座るシーファーの第一声を合図に極秘扱いの定期協議が始まる。

口火を切るのは常時、大使館翻訳セクションの総責任者でベテラン外交官でもあるウィリアム・ブルックス。流暢《りゅうちょう》な日本語を駆使し、左派から右派まで日本の主要オピニオン・リーダーとも積極的に交流するブルックスは「メディア・トレンド」と称して、前週までの日本の主要メディアによる報道振りをかいつまんで紹介する。その対象範囲は主要全国紙をはじめ、主要週刊誌、オピニオン雑誌、主要テレビ局の討論番組の内容や、その出席者の発言などにまで及ぶ。時にはその時々の情勢に応じて個別の案件を詳しく紹介し、ブルックス独自の見解・分析も披露される。

次いで、在日米軍側から日本全土に散らばる米軍基地の状況、問題点、事件・事故などについて報告がある。自衛隊との共同演習、米軍単独による演習案件なども随時紹介される。さらに、台湾海峡や朝鮮半島など日本とアジア太平洋に大きな影響を与える安全保障環境について、適宜、現状報告・分析が行われる。

会議を締めくくるのはいつもライトの役割だった。その日の協議内容を総括し、日米同盟体制に寸分の抜かりもないことを全員が確認して、午前十時には散会というのが基本ルールだった。

「シーファー・ライト体制」以前、米大使館と在日米軍司令部がこうした定期的な意見交換の場を設けることは皆無だった。

「せいぜい、(Jヘッズの一人である)大佐、中佐クラスが週に一度は顔を見せ、大使館の人間と打ち合わせをしていた程度で、司令官、副司令官が来ることはなかった」(米大使館関係者)

在日米軍司令部の存在感を増すためには米大使館との連携強化が不可欠ではないか。そう感じたライトは過去の慣習を抜本的に見直し、自ら足繁《しげ》く大使館に顔を見せた。その結果、生まれたのが「クラスター・ミーティング」だった。

「クラスター・ミーティング」の発足を契機として、大使館－在日米軍司令部の風通しは以前よりも格段に良くなった。今では大使館八階にある安全保障課には政策担当のJ5から盗聴対策を施した電話を通じて、一日に最低でも五回は電話がかかり、活発な意見交換が行われている。

さらに週に三回は佐官クラスが直接、大使館の安全保障課を訪れ、日米同盟体制に関する様々な案件について対策を相談している。大使館側からも週に四、五回は司令部サイドに政府間協議の内容などを随時ブリーフし、「円滑な意思疎《そ》通《つう》を心がけている」（米大使館関係者）。

「在日米軍司令官の『重み』は二つの要素によって決まる。一つは太平洋軍司令官との関係、そしてもう一つは駐日大使との関係だ」

ライトが進める在日米軍司令部に関する一連の「構造改革」について、日米同盟の「守護神」的な存在として知られる元米国務副長官のリチャード・アーミテージはそう指摘する。

ブッシュ米政権を去るにあたって、当時、豪州駐在の米大使の職にあったシーファーを直接口説き落として、駐日大使への横滑り人事を納得させたことでも知られるアーミテージにとって、シーファー・ライトのコンビが作り上げた盟友関係は現在の在日米軍司令部が置かれた環境下において、一つの「理想形」となっているのである。

PACOMの壁

在日米軍司令官の職務は空軍出身の三ツ星（中将）で、第5空軍の司令官が兼務している。

この人事が固定化したのは一九五七年七月に第5空軍司令官のフレデリック・スミ

スが極東司令官で陸軍大将のライマン・レムニツァーの後を継いで、初代在日米軍司令官となった時にまで遡《さかのぼ》る。

戦後、日本に君臨したダグラス・マッカーサー以来、在日米軍司令部の前身とも言える極東司令部の司令官は六代に亘《わた》って陸軍の四ツ星（大将）が務めていた。その後、連合軍による日本占領が終わり、日米安保体制が確立されていく中で第5空軍司令部が日本に移転してくる。そして、その司令官が在日米軍司令部を統括するという兼任体制が出来上がった。

元来、「海洋国家同盟」と言われる日米同盟の文脈から言って、在日米軍の総責任者が海軍ではなく、空軍出身という点には違和感を覚える関係者も多く、様々な異論もあった。だが、在日米軍司令部の上部機構である太平洋軍司令部のトップがその職制上、歴代海軍出身の四ツ星だったことから、「太平洋軍：海軍、在日米軍：空軍、在韓米軍：陸軍」という三軍による「棲《す》み分け」体制は米軍組織内における暗黙の了解事項ともなっている。

その「伝統」を大きく揺さぶったのは第一期ブッシュ政権で世界規模での「米軍変革（トランスフォーメーション）」構想を打ち出した国防長官、ドナルド・ラムズフェルドである。

「それほど文句を言うなら、ハワイ（太平洋軍司令部）を空軍にすればいいではないか」——。

その決定はいつものように突然、天から降ってきた。

二〇〇二年末、ブッシュ政権はラムズフェルドが提唱した「世界規模での米軍見直し（GPR）」の一環として、在日米軍再編に関する原案を日本側に示していた。

ここで目を引いたのは米西海岸・ワシントン州に本拠地を置く陸軍第1軍団司令部のキャンプ座間への移転構想だった。

新型装輪装甲車「ストライカー」を中核とするストライカー旅団戦闘団（SBCT）を二〇〇三年のイラク作戦に投入した陸軍第1軍団は、それまでの「重厚長大」から「軽薄短小」へと体質転換を目指す米軍変革の象徴的存在とされていた。

ストライカー旅団戦闘団とは、従来の戦車部隊など重武装部隊と機械化歩兵部隊など軽武装部隊の強みを兼ね備えた部隊とされる。言い換えれば、重武装部隊の高い攻撃力を維持すると同時に、軽武装部隊の機動力を持つ部隊である。

装備の中核は新型装輪装甲車「ストライカー」で、これには偵察用のほか、兵員輸送用、火器搭載用など十種類のタイプを設定している。総重量は十九トンと戦車に比べ、かなり軽量になるため、米空軍のC１３０輸送機に搭載することもできる。

このストライカーを最新鋭の指揮・通信ネットワークを通じて、空・海軍などの航空機、艦船と連動させることで、高い陸上戦闘能力が確保できると米陸軍は結論付けた。

「わずか四日間で、世界のどこにでも展開できる」

ストライカー旅団の最終的な理想像として、米陸軍中枢《ちゅうすう》は派遣決定から四日程度で世界中のどこにでも展開し、一切の補給もないまま三日間は作戦を遂行できる態勢作りを目指している。

そのストライカー旅団を実際に編成、二〇〇三年のイラク作戦に投入した米陸軍第1軍団の歴史は古く、第一次世界大戦中の一九一八年にまでさかのぼる。当時、フランス戦線に参戦するために米国で初めて編成された第1軍団はその後、第二次世界大戦でマッカーサー元帥《げんすい》の指揮下に入っている。

それに伴って、旧日本軍とも交戦、終戦後はそのまま日本に駐留し、朝鮮戦争にも参加した。一九八一年には現在の拠点であるワシントン州シアトルの約七十キロ南にあるフォートルイスに移駐。以降、アジア太平洋地域を主要任務対象地域とする陸軍第1軍団は米太平洋戦力の中心的な存在として知られる。

ワシントン州の司令部近くなどには合わせて約四十キロメートル四方に及ぶ広大な

演習場を持ち、陸上自衛隊も一九九四年から毎年、この演習場で戦車やヘリの射撃訓練などを実施。日本有事の際、米陸軍第1軍団は「来援部隊」ともなることから、陸自は密接な関係を維持しており、ワシントン州の司令部には日本から連絡官を常駐させている。

平時は司令部だけが独立して存在し、有事の際に全米から州兵や予備役を集めるユニークな方式を採用。その「最盛期」には規模が十万〜十五万人に膨れ上がり、大規模なテロや核・生物・化学兵器がかかわる事故などにも即応展開する「統合任務部隊(JTF)」の役割も担う。こうした性格上、緊急時には陸軍兵力だけでなく、海軍や空軍、海兵隊の一部までもその指揮下に入れて運用することもあるとされる。

この米陸軍第1軍団の座間への移転構想に嚙《か》み付いたのが空軍指導部だった。世界中に点在する米軍組織の中で、米三軍の指導部が常に熾烈《しれつ》なポスト争いを演じていることはワシントンでは有名である。在日米軍再編構想の中で、陸軍の主要司令部が日本に移転するということはすなわち、陸軍が将来、かつてのように「四ツ星」クラスを日本に駐留する司令官として送り込む可能性を意味する。

それは空軍側から見れば、「在日米軍司令官」というポストを失うことにもつながりかねない。在日米軍司令部発足以来、守り通してきたポストを簡単に手放すまい、と空軍指導部は「巻き返しに必死になった」（米国防総省高官）とされる。

こうした米軍組織内のえげつない足の引っ張り合いを横目に見ながら、ラムズフェルドが下した決断はPACOMの司令官を「海軍から空軍に替える」という大胆なものだった。

二〇〇四年八月下旬、ブッシュはラムズフェルドの進言に基づいて、太平洋軍の次期司令官として、空軍の四ツ星（大将）であるグレゴリー・マーチンを指名した。

この頃、先述したように太平洋軍内部では在日米軍の再編案として、横田の第5空軍司令部をグアム島にある第13空軍司令部に統合することが検討されていた。第5空軍司令部がグアム島に移転すれば、在日米軍司令官を兼務していた第5空軍司令官のポストもなくなり、それは自動的に空軍が在日米軍司令官というポストを失うことを意味していた。

だが、それと引き換えに在日米軍の上部組織である太平洋軍の最高ポストを手に入れることで、空軍は溜飲《りゅういん》を下げた。表向きの理由は米軍変革に伴う「アジア太平洋地域の空軍機能強化」とされたが、その背後には在日米軍再編に伴う米軍内での激しい陣取り合戦があったのである。

「海・空軍の能力を増強することで距離を克服する。日本と韓国での施設や司令部の統合も視野に入れている」

ブッシュの発表から一ヵ月後の九月二十三日、ラムズフェルドは太平洋軍司令官から勇退することが決まったトーマス・ファーゴとともに上院軍事委員会の公聴会で証言し、自ら思い描くアジア前方展開戦力の再編構想をこう説明している。

席上、ファーゴはアジアでの米軍再編に関する考え方について「瞬時に必要な規模だけ戦地に派遣する」態勢の構築を目指していると説明した。具体的には日本の横須賀以外に太平洋地域を母港とする空母群を追加配備することや、ストライカー部隊のハワイ、アラスカへの配備、グアム島での爆撃機の交代制配備、グアム島への潜水艦の常駐などを挙げた。

この場でファーゴは自らの退任の意向も正式に表明している。米軍再編について米軍最高司令官である大統領から全権を委託されていたラムズフェルドに対して、海軍指導部がさらなる巻き返しを諦《あきら》め、「白旗」を掲げた瞬間でもあった。

「太平洋という距離の克服」――。

ラムズフェルドが断行を決めた太平洋軍司令官人事の背景には、当時のブッシュ政権内で権勢を強めつつあった新保守主義派（ネオコン）の戦略家たちがまとめた、アジア太平洋地域に関する新たな安全保障戦略もあった。

二〇〇一年五月、米国防総省系シンクタンクのランド研究所は中国への軍事的抑止力強化を狙《ねら》った東アジアでの新軍事ドクトリンをまとめた。「米国とアジア――新しい戦力形態に向けた米戦略」と題する報告書は、アジアにおける米戦略上の主要目標として（1）新たな覇権主義の台頭阻止、（2）地域の安定維持、（3）アジアの政治的変革に対する積極的な関与――などを列挙。北東アジアだけでなく、東南・南西アジアも含め紛争への即時対応力の強化を求め、その具体策としてグアム島に大型の補給基地を新設することや、沖縄県に米海兵隊の削減と引き換えに新たに空軍基地を建設する案も紹介している。

米空軍の要請に基づいて作成した報告書の取りまとめ役は、後に国家安全保障会議（NSC）の上級部長兼イラク政策担当特別補佐官を経て、駐イラク大使に抜擢《ばってき》されたネオコン派のザルメイ・カリルザッドだった。

急速に台頭する中国への政策として、「関与政策（エンゲージメント）」と「封じ込め政策（コンテインメント）」の両者を並立させた「コンゲーメント政策」を実践すべきだと説いていたカリルザッドは報告書の中で、日本について台湾に近い琉球《りゆうきゆう》諸島南部の沖縄県・下地《しもじ》島に新たに米空軍基地を建設する案や、その見返りとして沖縄に駐留する米海兵隊の削減を視野に入れることも提案していた。その一方で、海兵隊・普天間基地を有事の際に米戦闘機部隊との併用基地にする考え方も取り上げている。だが、壮大なラムズフェルドらの構想も空《むな》しく、太平洋軍のトップを海軍から空軍に挿《す》げ替えるという大胆な人事はわずか二週間後には見直しを余儀なくされる。

米国防総省は十月六日、太平洋軍の次期司令官に指名されていたグレゴリー・マーチンが指名を辞退したと発表した。

マーチンの突然の指名辞退の背後には、空軍の空中給油機リースに絡《から》む汚職事件に関与したという疑惑があった。総額二百三十億ドルで航空防衛最大手ボーイング社と結んだ空中給油機のリース契約を巡って、すでに禁固九ヵ月などの実刑判決を受けていた空軍の元女性職員がボーイング社に便宜を図り、その見返りとして同社副社長に就任したことが問題視されたのである。

「この問題が明白になるまで承認はできない」

米上院軍事委員会が同日、マーチンの指名承認のために開いた公聴会で、共和党の有力上院議員、ジョン・マケインはそう宣言し、この汚職事件へのマーチンの関与を疑った。当初、マーチンは関与を否定していたが、海軍OBとしてマーチンの人事を快く思っていなかったとされるマケインの追及は執拗《しつよう》を極めた。二〇〇〇年の大統領選挙でブッシュと共和党の候補指名を争い、後に二〇〇八年の大統領選挙で共和党の正式候補となったマケインの政治的影響力は、ワシントン政界でも強大な力を誇る空軍といえども簡単に無視できるものではなかった。

この後もマケインは国防総省内の電子メール記録の提出を求めるなど強硬な姿勢を崩さず、結局、根負けしたマーチンが指名辞退をラムズフェルドに申し入れたことで指名撤回が決まった。

この事態を受け、退任予定だったファーゴによる太平洋軍司令官の続投が確定する。その後、最終的にファーゴの後任に決まったのはマーチンと同じ空軍ではなく、ファーゴと同じ海軍出身のウィリアム・ファロンだった。

二〇〇五年初めにブッシュから指名を受けたファロンは総艦隊司令官からの横滑り人事だった。海軍作戦副部長時代の二〇〇一年にハワイ・オアフ島沖で米原潜「グリーンビル」と実習船「えひめ丸」の衝突事故が起こった際、ブッシュの親書を持って特使として日本を訪問し、当時の首相・森喜朗や犠牲者の遺族を訪問、謝罪する役割を果たしたことでも知られていた。

ファーゴ（海軍）からマーチン（空軍）、そして再びファーゴ（海軍）からファロン（海軍）へ――。

目まぐるしく変わった上部組織のトップ人事を遠目に見ながら、ライトはなおも米大使館との一体化とともに太平洋軍司令部との連携強化に精力を注いでいた。

それが誰であれ、有事における作戦指揮権を有する太平洋軍司令官との距離を縮めれば、在日米軍司令部に対する日本側の不満や批判も自然と和らいでいくのではないか。そう考えたライトは当初の空軍の目論見《もくろみ》が思わぬ事情で崩れ去ったことを踏まえ、太平洋軍＝海軍、在日米軍＝空軍という従来の枠内で、在日米軍と空軍の存在感向上を目指した。

ライトのこうした努力は後に発生した北朝鮮によるミサイル発射実験の際、ファロンとの密接な連携プレーという形で結実する。

一方で、太平洋軍司令官人事を巡る米軍組織内のゴタゴタは図らずも在日米軍司令部を取り巻く厳しい政治的環境を浮き彫りにした。在日米軍司令部、あるいは司令官のあり方について、米軍側に確固たる見識もビジョンもなく、上部組織である太平洋軍司令部や、その司令官人事の事情によっていともたやすく左右されることが露呈したからである。

日本の制服組が声を揃《そろ》えて指摘するように、在日米軍司令部は広大な太平洋の「番人」を自任するＰＡＣＯＭから見て、今も単なる「下部組織（Subordinate Body）」の一つに過ぎなかったのである。

FX選定問題

在日米軍司令部に日本側が求める役割の一つとして、日米の間を取り持つ「政治的通訳」がある。日本の政治事情を米国のホワイトハウスや国防総省、統合参謀本部などに随時、事前に伝えてもらうことで、日本側の意向を反映した政策立案につなげるという思惑である。

だが、そうした役割を米側でも求められながら、実際には在日米軍司令部の「助言」や、「構想」が米政府の中枢にまで行き届くケースはあまり多くない。その具体例として、日本による次期主力戦闘機選定問題があげられる。

二〇〇七年二月十七日、米空軍が誇る最新鋭ステルス戦闘機F22Aが沖縄県の米軍嘉手納基地に到着した。

薄いグレーの機体、特別な突起物など一切見られない滑らかな形状。戦闘機には付き物のミサイルなどの武器もすべて機体の内部に格納したF22が米国外に配備されるのはこれが初めてのことだった。

Ｆ22は敵のレーダーに探知されにくい高度なステルス性能に加え、超音速の巡航能力を併せ持つ最新鋭戦闘機である。

米ロッキード・マーチン社が現行の主力機Ｆ15戦闘機「イーグル」の後継機として開発したＦ22の愛称は、猛禽類《もうきんるい》を意味する「ラプター」。その名前通り、現時点では自他ともに認める「世界最強の戦闘機」として認知されている。

情報ネットワーク機能を搭載し、戦闘機同士が情報交換しながら高度に連携した戦闘を展開できるＦ22の登場によって、航空戦は今後、別次元のものに移行するとまで言われていた。

米空軍の計画では、この日に到着した二機を含め、最終的には十二機のＦ22を三〜四ヵ月の間、日本国内の米軍基地に配備。これに合わせ、Ｆ22が所属する米バージニア州ラングレー基地から整備要員ら約二百五十人も合わせて嘉手納基地に配置する力の入れようだった。

「米軍の運用状況を勘案し、極東における米軍の適切な抑止体制を維持するため一時的に航空機を補う必要がある。特定の脅威が増大したためではない」

外務省への通告の中で、米側はＦ22配備の理由について、そう説明している。だが、電撃的なＦ22配備を舞台裏で仕掛けたライトは後にその狙《ねら》いをこう語った。

「Ｆ22に関与する人々はパイロットから整備要員まで非常に価値のある人材たちだ。彼らに日本のことを知ってもらうことが目的だった」

現在の主力戦闘機であるＦ15「イーグル」などに比べ、格段の戦闘力を有するＦ22は防衛省が選定作業を進めている次期主力戦闘機「ＦＸ」の最有力候補でもあった。だが、米側は軍事的優位を保つため、Ｆ22の輸出を法律で禁止した。さらに、その性能についても詳細な情報を明らかにしていなかった。一方の日本側もこの時点でＦＸ候補として、Ｆ22に的を絞りきっていたわけでもなかった。

この時点で、すでに米軍関係者の間ではＦ22が近い将来、在日米軍基地に配備されることは半ば既定路線となっていた。だが、このまま放置しておけば、ＦＸ選定作業が最終的に決着するまで日本にＦ22の本当の「実力」を知らせることはできない。歴戦の戦闘機パイロットでもあるライトから見て、それは防空体制における日米間の「相互運用性（インターオペラビリティー）」を大いに損なう恐れを生み出すことに直結することだった。

Ｆ22については、政権引退後も対日政策には一定の影響力を持っていた元国務副長官のリチャード・アーミテージが二〇〇六年秋の段階で「日本がＦ22を導入することに何の問題もない」と言明していた。同じ頃、国防総省も専門の極秘プロジェクト・

チーム発足を命じ、日本の次期主力戦闘機としてF22を売り込む戦略立案に着手していたこともライトを強く後押しした。

二〇〇七年二月、アーミテージは米ハーバード大学教授で元国防次官補のジョセフ・ナイらとの超党派グループで「アーミテージ・ナイ報告書2」を作成、発表した。この中で、アーミテージらはF22と日米同盟の関係について、こう記している。

「米国はできるだけ早期にF22の飛行大隊を日本に駐留させるべきである。同時に、日本の航空自衛隊に対して、最も進んだ戦闘機システムへのアクセスを保証すべきである。そのシステムにはF／A18、F22、F35、そしてアップグレードしたF15も含まれる」

こうした事情を踏まえ、現場を預かる総責任者としてライトが考え付いたのが米本土からF22を遠路はるばる飛来させて日本に「暫定配備《ざんてい》」し、日本の防衛関係者に生のF22を「体感」してもらう、という妙案だった。同時にそれは日本にFXの有力候補として、F22を強く推薦する無言のデモンストレーションともなった。

「最も優れた能力を持つ機種を選定してほしい」

四月三日、都内のニューサンノー・ホテルで開いた臨時の記者会見でライトはこう述べている。遠回しの表現ながら、日本がFX候補としてF22を選ぶことに強い期待を表明したものと受け止められた。

これに呼応するように日米両国政府は当初、「航空自衛隊基地を使用することや、自衛隊との共同訓練は予定していない」（米軍当局者）としていた方針を転換した。水面下で航空自衛隊所属の戦闘機と、F22による初の共同訓練を実施することで合意したのである。

同じ月の二十七日、航空自衛隊機と、F22による共同訓練は航空自衛隊関係者の度肝を抜くことになった。

二月の配備以来、沖縄本島周辺での訓練を重ねていたF22二機は同じ米空軍所属のF15二機を従えて、演習に参加した。空自からは南西航空混成団（那覇市）などに所属するF4戦闘機、F15戦闘機それぞれ四機と、浜松基地から早期警戒管制機E767一機が投入された。

その際、F22が見せつけた抜群の性能に自衛隊幹部は舌を巻いた。優れたステルス性能は空自自慢の戦闘機のレーダーを思い通りに攪乱《かくらん》した。十二分に経験を積んだベテラン・パイロットたちが原始的な「視認」という方法に頼りながら、演習を続けざるを得ない場面もあった。

まさに「世界最強」の名にふさわしい実力。一機当たりの価格がF4の約四十億円、

F15の約百二十億円に比べ、二百五十億円程度と高額であるにもかかわらず、それを補って余りあるものがある。

そう判断した日本側は早速、二〇〇八年夏というFXの選定期限をにらみながら、F22獲得の可能性を真剣に探り始めた。

四月三十日、ワシントンの国防総省を訪問した防衛相の久間章生がその先陣を切った。米国防長官、ロバート・ゲーツとの初会談で、久間はF22について「情報公開で協力をお願いしたい」と切り出した。

久間訪米の数日前、ホワイトハウス・国家安全保障会議（NSC）のアジア担当上級部長であるデニス・ワイルダーが「将来の戦闘機について日本政府と積極的に話し合いたい」と表明したことも久間の積極姿勢を加速させた。

その二週間後の五月中旬、日本に臨時配備した十二機のF22が米本土に帰還した。これを見届けたライトは都内で記者会見し、「初の海外配備を成功裏に終えた」と満足げに語った。ここまではまさしく、物事がライトの描いたシナリオ通りに動いていた。だが、ここからF22問題を巡る「風向き」はライトが思いもしなかった方向に変わっていく。

こうした流れを一気に逆転させたのは、言うまでもなく米下院が可決しようとしていたF22の「禁輸条項」である。二〇〇八年度予算案に盛り込まれた条項案は「第五世代のステルス性能」を持つと言われるF22に詰め込まれた「高度な軍事技術の保護」を名目にF22の対外輸出を禁じていたのである。

さらにこの頃になると米国内では米中関係を重視する観点から、日本に最新鋭のF22導入を認めないとする空気も強まっていた。日本がF22を配備すれば、軍備近代化を急ピッチで進める中国人民解放軍を必要以上に刺激し、通常兵器に関する北東アジアでの軍拡競争を加速しかねないといった見方だった。

だが、F22の対日輸出について、米側が慎重姿勢に転じた最大の理由は別のところにあった。米国側の要人が口を揃えて、F22輸出の最大の障害としたのは、海上自衛隊の幹部によるイージス艦に関する機密情報漏洩《ろうえい》問題だったのである。

二〇〇七年一月、神奈川県警は海上自衛隊第1護衛隊群（神奈川県横須賀市）の護衛艦「しらね」乗組員の二等海曹の中国人の妻を入管難民法違反容疑で逮捕した。その際、自宅を家宅捜索したところ、イージス艦に関する情報が記録されているハードディスクを発見、即座にこれを押収《おうしゅう》した。このディスクには米国が開発した最新鋭のイージス・システムに関する情報が多数含まれている可能性が高いとされた。

イージス・システムは日米相互防衛援助協定等に伴う秘密保護法において「特別防衛秘密」と規定されており、通常ならば二曹クラスがこの種の情報に職務上接する立場にはない。

にもかかわらず、二曹がこれを入手し、かつ自宅に保持していたという事実を日本の捜査当局はもちろんのこと、日本の安保・防衛政策関係者、そしてアーミテージら米側のF22輸出推進論者も重く見た。

「イージスの問題は本当に頭が痛い……」

事件発覚を受けて、アーミテージは周辺にこう漏らし、F22問題の終着点についてこう予言した。

「(日本によるF22導入は)恐らく、長い、長ーいプロセスになることだろう」

日本の捜査当局によるその後の調べで、二曹が自宅に保持していたイージス艦に関するファイルは、イージス・システムの保守管理を行うプログラム業務隊(現・開発隊群)に所属していた三等海佐が隊員教育用に作成したものであることが判明した。海自第1術科学校(広島県江田島市)で教官をしていた一等海尉《かいい》が同校の隊員らにコピーさせるなどして情報が拡散した結果、最終的に二曹が入手した可能性がある、と捜査当局は見ていた。

事件が予想以上の広がりを見せる中で、神奈川県警と海自の警務隊は五月十九日、海自第1術科学校を日米相互防衛援助協定等に伴う秘密保護法違反の疑いで家宅捜索した。自衛隊の施設が同法違反容疑で家宅捜索を受けるのは一九五四年の同法施行以来、初めてのことだった。

その三ヵ月後の八月二十八日には横須賀市の海自関連施設や護衛艦「しまかぜ」などを同じ秘密保護法違反の疑いで一斉に家宅捜索した。護衛艦に対する捜索は極めて異例な措置だったが、捜査当局は「誘導武器教育訓練隊」（神奈川県横須賀市）のほか、流出した資料が作成されたプログラム業務隊に所属し、資料持ち出しの疑いが持たれている三等海佐の自宅、情報拡散の舞台とされる海自第1術科学校で教官を務めていた一等海尉や、一尉から資料を入手したとみられる隊員らの自宅など約二十ヵ所を一斉に捜索した。

そして、事件発覚から一年近くが過ぎた二〇〇七年十二月十三日——。

神奈川県警と海自警務隊は秘匿性《ひとくせい》が高い特別防衛秘密が含まれる情報を持ち出したとして、日米相互防衛援助協定等に伴う秘密保護法違反の疑いで、横須賀基地業務隊所属の三等海佐、松内純隆《すみたか》容疑者を逮捕した。同法違反容疑で自衛隊員が逮捕されるのは初めてのことだった。

それまでの調べによると、松内容疑者は同法が漏洩を禁じる特別防衛秘密のイージス・システムに関する情報を作成したプログラム業務隊にかつて所属していた。二〇〇二年八月頃に極秘情報をCDに記録、海自第1術科学校で当時教官を務めていた別の三佐に隊内の配達便で送付し、これを漏らした疑いがもたれていた。

この事件の結末として、日本の捜査当局は海自外部への情報流出は確認されていないとの一応の結論を出している。

だが、それまでも「スパイ天国」と揶揄《やゆ》され、その情報管理の甘さが指摘されていた日本が受けたダメージは捜査当局の予想以上に深刻だった。

それまでF22の対日輸出を積極的に提唱していた米側の知日派たちはこの事件によって、一斉に戦略転換を迫られた。その中には当然のことながら、在日米軍司令官のライトも含まれていた。

「日本に最新鋭のF22を渡せば、その極秘情報が第三国に漏れてしまう恐れもある」

そうした米政界の声と真正面から戦ってまで、F22の対日輸出を推進すべきだと主張する声はいつの間にか皆無となっていたのである。

「必ずしもF22を推しているわけではない」

衝撃発言の主は在日米軍の上部機関、太平洋軍司令部のトップ、ティモシー・キーティングだった。

七月二十四日、ワシントンで講演した際、キーティングは米軍関係者として初めてF22の対日供与に消極的な姿勢を示したのである。

キーティングの後を追うように翌二十五日、米下院歳出委員会はF22の輸出禁止条項を二〇〇八会計年度の国防予算案にも引き続き盛り込むことを正式に決めた。これにより、F22に関する対外的な情報開示も制約されることが確実となり、二〇〇八年夏をFX選定期限としていた日本にとって一転、F22導入は極めて難しい情勢となった。

官房長官の塩崎恭久は二十六日午前の記者会見で「与えられた条件の中で、ベストな答えを選んでいく」と述べた。発言の趣旨は米下院の決定がFX選定に少なからず影響を与えるとの感触を示唆《しさ》したものであることは明らかだった。

こうした事態を受けて、日本政府はただちにFXの機種選定を先延ばしにし、更新期を迎える旧型のF4戦闘機を引き続き使用する方向で検討に入った。

だが、機種選定を先延ばしにしながら、米側を懐柔していくといった日本側の交渉戦術はすぐに機先を制されることになる。

八月八日、「原爆はしょうがない」という発言の責任を取って電撃辞任した久間の後を継いで初の女性防衛相となった小池百合子《ゆりこ》は、訪問先のワシントンでブッシュ政権の実力者である副大統領のディック・チェイニーと面会した。

席上、小池はFX選定問題について「中国の軍事力をみても、国際情勢が変化する中で量より質の観点からどんな能力が必要か、日米で考えていきたい」と述べ、F22に関する情報提供を改めて要求した。だが、政権内では「最後の親日派」とされるチェイニーの答えは日本側の期待に反して、「他国に販売を禁止する法律がある」とつれないものだった。

チェイニーらの慎重な反応の背後には、海上自衛隊がイージス艦に関する機密情報を安易な「人為的ミス」によって漏洩した問題をはじめとして、F22輸出を取り巻く米側の様々な思惑があったのである。

「(欧米が共同開発した)F35は多目的戦闘機だ」

F22問題に関して、米側の姿勢はさらに別の方向へと急速に傾いていった。同じ月の十七日、引退を前に来日した米統合参謀本部議長のピーター・ペースが都内の米大使館で会見し、日本の次期主力戦闘機選びについてこう指摘したからである。

ペースの発言は米議会が輸出を禁じる最新鋭のF22ではなく、米軍として米英などが共同で開発した「F35」を推薦する立場を初めて公式に明らかにしたものだった。「ジョイント・ストライク・ファイター(JSF)」の別称でも知られるF35は米空軍のF16、海軍のF/A18、海兵隊のハリアーの後継機となる多目的型戦闘機として知られる。短距離の滑走路から垂直に離着陸可能なSTOVL技術と敵レーダーに捕捉《ほそく》されにくいステルス技術を採用しているのが特徴で、全長十五・四〜十五・六メートルの一人乗りの機体は無給油のまま、超音速で二千キロ以上の飛行が可能という。

F35の特徴はそれだけではない。同一の生産ラインから空軍向けの通常戦闘機や、海軍が求める艦載機、海兵隊が求めるSTOVL技術を備えた戦闘機など、異なる用途に合わせて違う性質の戦闘機を一括生産することでコストも圧縮できる。気になる製造コストも一機当たりで、四千四百八十万ドルから六千百十万ドル(約五十億から六十八億円)と低めに設定されている。

F35の開発計画は、冷戦の終結で先細りが懸念《けねん》された米国防予算をやりくりする中で生まれたナショナル・プロジェクトの側面をも持っていたのである。

そうした事情を踏まえてか、ペース発言と時を同じくしてライトの盟友、シーファーもF22ではなく、F35を薦める立場に傾いていった。

「Ｆ22は日本だけでなく、（最も緊密な同盟国である）英国にも売らない」

シーファーはそんな表現で、Ｆ22に関する情報開示拒否が日米同盟軽視の表われではないと弁明した。

最新鋭のＦ22を日米双方の防空施設に配備し、日本の空の護《まも》りを最大限まで強化する――。

当初、ライトが心中で描いていたシナリオはここに至って、完全に書き換えを強いられることになった。現場のニーズを誰よりも知る在日米軍司令官の発案でも、それは避けられなかった。連日のように権力闘争が繰り広げられる米政界において、在日米軍司令官の「提案」といえども、一枚の枯葉と同じぐらい軽い存在に過ぎなかった。

「当面は在日米軍にＦ22を配備してもらい、その間、日本側はＦ15を改修するなどして食いつなぎながら、最終的なＦＸ問題の落とし所を探っていくしかない……」

Ｆ22導入問題で日米間を奔走した防衛省幹部は力なく、そう漏らすのが精一杯だった。

ＤＰＲＩ

ＦＸ選定問題は図らずも、在日米軍司令部の米政府中枢《ちゅうすう》に対する影響力の「限界」

を日本側に思い知らせる例となった。だが、FX問題以前にも在日米軍司令部の「存在意義」を揺るがす事件は起きていた。

日本全土に散らばる在日米軍基地の再編問題、いわゆる「防衛政策見直し協議（DPRI）」である。

二〇〇二年末、豪腕・ラムズフェルドが「世界規模での米軍見直し（GPR）」を正式に表明したのを受け、東アジア太平洋担当の国防副次官補、リチャード・ローレスは配下の国防長官室（OSD）日本部長、ジョン・ヒルらとともにその日本版、すなわち在日米軍の再編問題に着手した。

二人がまず取り掛かったのが、日米両国を取り巻く安全保障上の環境評価（Common Security Assessment＝CSA）だった。

北朝鮮による核・ミサイル開発計画、中国人民解放軍の軍備近代化、一度は民主化の道を歩んでいるかに見えたロシアの中央集権化、アジア各地でも広がりを見せるイスラム原理主義を基盤とする無差別テロ……。

これらをベースにローレスとヒルは双方が共有する「共通の戦略目標」を設定したいと考えた。さらに次の段階では、その戦略目標達成のためには日米両国にどのような「役割・任務・能力」が必要かを確認する。最後に、それに見合った「兵力構成・

基地編成」案を詰めるという段取りを思い描いていた。

ローレスらが「ＤＰＲＩ」と名づけたプロセスのロード・マップ――。

しかし、その作成過程において、在日米軍司令部の存在は一切感知されない。

「正直に言って、あの時点で我々が日本に提示したプランも大きな戦略観に基づくものではなかった」

当時のいきさつに詳しい国防総省の文民幹部はそう証言した上で、こう言い切る。

「日米の役割・任務・能力に関する分類、そして戦略目標。それらを煮詰める時、我々が相談していたのは常にＰＡＣＯＭだった」

巨大な官僚機構の集合体である国防総省から見て、在日米軍司令部は極東のはずれにある小さな「出張所」のようなものに過ぎない。組織論の観点から言って、そもそも日米安保体制の根幹に関わる在日米軍基地の再編問題について在日米軍司令部が出る幕はほとんどないといっても過言ではない。

本来なら、現地に駐留する出先機関の「特権」として、現地情勢（この場合は米軍再編に関する日本政府の対応、考え方など）を伝えることも考えられたが、それは一方で制服組による「政治介入」、あるいは「文民統制侵害」といった誤解を招きかねない。勢い、当時の在日米軍指導部は「政治が決めることであり、我々、現場の軍人はその決定に従うだけ」と傍観姿勢を強めていった。

後に、在日米軍司令部ナンバー2のラーセン副司令官が米軍再編問題で日米交渉の下準備に奔走したことは先述しているが、これもすでにまとまった米側の提案を日本側に「売る」ための補佐役を任されたに過ぎない。その根っ子の部分となっている構想段階で、在日米軍司令部の「意思」や「情報」が組み込まれた形跡は一切ない。

一方の日本側では外務次官・竹内行夫の指示の下、「米陸軍第1軍団司令部のキャンプ座間への受け入れは不可能」という対処方針を半ば固めていた。首相官邸で「事実上の外務大臣」と呼ばれていた官房長官・福田康夫も外務省北米局長の海老原《えびはら》紳らとの会合で「性急に事を進めないように」とクギを刺していた。

こうした行き違いの結果、ペンタゴンの文民指導部は在日米軍再編問題に関する日本側の対処方針、政治的な本音も聞けないまま、不満のマグマを溜《た》め込んでいくことになる。

二〇〇三年十一月、ローレスらは日本側に具体的な在日米軍基地の再編プランを提示した。

ワシントン州にある陸軍第1軍団司令部のキャンプ座間への移転、東京・横田基地にある第5空軍司令部の廃止・グアム島にある第13空軍司令部への統合……。

いずれもＰＡＣＯＭ主導で作成したプランを提示する米側に対して、日本側は沈黙を守り続けた。それから一年近くが経過した二〇〇四年八月、それまで「回答は夏の参院選終了後まで待ってもらいたい」と伝えていた日本側がＤＰＲＩを巡る初の担当局長クラスによる協議に持参したのは文字通り、「ゼロ回答」だった。

局長級協議に出席した外務省北米局長の海老原紳ら日本側出席者は外務次官・竹内の指示に基づいて、日米安保条約の第六条の法的解釈、なかでも「極東条項」が意味するものについて日本側の立場を説明。その上で、陸軍第1軍団司令部のキャンプ座間への移転は受け入れられないと明言したのである。

ローレスらはこの後、袋小路に入り込んだ日米協議を仕切り直すため、統合参謀本部（ＪＣＳ）、ホワイトハウスの国家安全保障会議（ＮＳＣ）、そしてＰＡＣＯＭと再度の意見調整を余儀なくされた。

そして迎えた二〇〇五年二月、日米両国政府はようやく日米共通の「戦略目標」の内容、および日米の「役割・任務」のあり方について合意した。

日本側にＤＰＲＩ構想を打診してから、実に二年以上の歳月が流れていた。

「政治上の配慮は一切排除して、純粋に軍事的な観点から、計画をまとめる」

米マンスフィールド財団のスカラーシップで日本に留学した経験を持つ国防総省の知日派、ヒルはDPRI構想に際して、そう自らに言い聞かせ、ローレスにもそう助言した。

結果、日本側の世論動向や政治事情を探る「アンテナ役」も期待されているはずの在日米軍司令部は重要案件を巡る意思決定のループには一切、入れなかった。

「DPRI協議の最中、米側の代表はいつもローレス副次官であり、在日米軍のライト司令官はせいぜい、その補佐役といった程度の存在。交渉権限はもちろん、一〇〇パーセント、ローレスが握っていた……」

そう振り返る防衛省幹部はある時、米軍の大物OBが来日した際に発した、疑いに満ちた言葉が国防総省の在日米軍司令部を見る「目」を象徴していたと振り返る。

北朝鮮によるミサイル実験などに際して、在日米軍司令部が中心的な役割を果たしたと米政府・米軍内で喧伝《けんでん》することで、在日米軍司令部の存在感をアピールするライトについて、このOBは日本側にこう問い質《ただ》している。

「(日本政府が)横田(在日米軍司令部)と『非常に良い意思疎通《そつう》ができた』と聞いているが、本当にそうなのか?」――。

第四章

在日米軍司令部と日本政府

2007年12月17日、ミサイル迎撃実験に成功した「こんごう」とＳＭ３ミサイル（防衛省提供）

横須賀今昔物語

一九七一（昭和四十六）年初頭、若き米海軍将校、ジム・アワーは当時では珍しい海軍からの研修生として、日本で論文執筆のための研究活動に没頭していた。アワーは後に米国防総省・国防長官室（ＯＳＤ）直属の日本部長という要職を務め、一九八〇年代のレーガン政権時に顕在化した「ロン・ヤス同盟」を支える海軍知日派の草分け的存在となる。

そんな自分の「未来図」を知る由《よし》もなかったアワーに突然、一つの軍令が舞い込んだ。発信元は米海軍トップの海軍作戦部長、エルモ・ズムワルト（大将）だった。「研修の一環として、在日米海軍司令官、ジュリアン・バーク（少将）の補佐役を務めて欲しい」

その際、アワーはある「極秘任務」を与えられていた。それはかつての大日本帝国海軍の拠点であり、終戦後は米第7艦隊が拠点としていた横須賀基地を空母「ミッドウェー」の母港とするべく、日本政府を説得することだった。

これより少し前の一九六九年七月、グアム島――。稀代《きだい》の戦略家と言われた米大統領、リチャード・ニクソンは米本土から遠く離れた、その南の小島で記者会見し、後に「ニクソン・ドクトリン」として知られることになる、新しい安全保障政策の考え方を披露した。

その骨子は①日本や韓国、フィリピンなどアジア各国との安全保障条約を堅持する、②今後、地域の紛争解決のため、ベトナム戦争のように大規模な米地上軍は投入しない、③ソ連、中国の核の脅威には徹底して対抗する――などだった。

米アリゾナ大学の歴史家、マイケル・シャラーはその著書「Altered States（邦題：「日米関係」とは何だったのか）」の中で、ニクソンが外交専門誌『フォーリン・アフェアーズ（一九六九年十月号）』に「ベトナム後のアジア」と題する論文を寄稿し、この中で日本に「大国としての振る舞い」を求め、その延長線として日本による「核保有」を容認する考えまで持っていた、と指摘している。

シャラーによれば、この部分の回想に関するニクソンの伝記では当初、「『核なし』の軍事力拡大を日本に求めた」などとなっているが、後に元大統領のドワイト・アイゼンハワーからの指摘を受け、ニクソン自身が「核なし」の文言をわざわざ削除したという。背景には、ニクソンがそれまでの訪日で面談したことのある日本の複数の要人から「いずれは自分で核能力を保持したい」と言われていたことがあった、とシャラーは記述している。

アジアの防衛という責務(burden)を日本にも分担させたい。それに連動して、アジアにおける米前方展開戦力を削減し、その空隙《くうげき》を埋めるための方策として、日本による核武装までも視野に入れる――。

北東アジアの将来を大きく左右する、大胆なニクソンの青写真。それは日本に駐留する在日米軍兵力の大幅なリストラを伴うものだった。

「あの頃、米国は予算上の問題から第7艦隊の主な艦船を佐世保《させぼ》基地に移管し、残りはハワイ(太平洋軍)にまで戻すことを検討していた。その場合、横須賀にある米海軍の施設はすべて閉鎖し、日本に返還することまで内々に決めていた」

米バンダービルト大学の教授として、今も日米同盟強化に奔走するアワーは当時の状況をそう回想する。

米軍横須賀基地の閉鎖・日本への返還、そして第7艦隊のハワイへの撤収――。

二十一世紀の今日、日米双方の誰もが日米安保体制の象徴的存在として認める第7艦隊。その母港を米国が明け渡すということは何を意味するか。そして、その後の日米安保体制にどのような影響を与えるのか。

そのインパクトの大きさを直感的に悟った日本の海上自衛隊関係者は一九六九年の年の瀬、在日米海軍司令官のバークらに水面下で何度も計画撤回を求めている。アワーの回想によると、横須賀基地の返還構想は米軍の前方展開戦力に関する議会からの予算削減圧力が引き金となり、これがニクソンのアジア戦略と共鳴して、一気に現実味を帯びていった。

だが、ニクソン政権発足後、米海軍の前方展開戦力に関する「予算の問題」(アワー)が解消されたのを契機に風向きが変わる。ニクソン政権はアジア太平洋地域における「戦略的見直し」に着手した。その一環として横須賀返還とは百八十度違う方針、すなわち横須賀を米空母の「母港」とする考えが急浮上したのである。

〈横須賀の空母・母港化に対する日本側の反応を早急に探られたし〉

新たな密命を帯びたアワーはやがて、人を介して当時の衆議院議長、船田中《ふなだなか》の知遇を得ることに成功する。初対面の時から米海軍の要望を内々に伝えるアワーに船田は当初、こう返答した。

「横須賀に米軍が残ることはできるが、空母はとても無理だろう」

「それでも」と食い下がるアワーらに対して、船田は「米国にとって、〈横須賀の母港化は）とても重要なことであって欲しいが、同時にそれは日本にとって非常にクリティカル（死活的に重要）なことだ」と繰り返し、返答を留保し続けた。

それからアワーらは毎月のように制服から私服に着替え、「船田詣《もう》で」を続けた。説得工作が六回目を超えていたある晩、船田の秘書からアワーに電話が入る。

「今晩、議長公邸で行われるレセプションにおいで下さい」

駐日大使のロバート・インガソール、政務担当公使のディック・スナイダーとともに公邸に赴くと、船田はおもむろに口を開いた。

「日米安保条約に基づけば、貴国が日本に（母港化の是非を）聞く必要はないのだと思う。にもかかわらず、貴国は『日本の意見を聞きたい』と言われる。ご存知のように、田中（角栄）次期首相は日米安保についてはあまり詳しくはないので、この問題について次期首相には色々説明してきた。そして今晩、田中次期首相は自分にあるメッセージを託した。だから、この場であなた方にお伝えする。それはそのまま田中次期首相の言葉だと思って欲しい」

船田の前口上に思わず息を呑《の》むインガソールらに対して、船田は間髪いれず、こう答えた。

「もし、米国が日本の意見を聞きたいというのならば、日本の答えは『イエス』である」

その答えを聞いたインガソールらは都内の米大使館に戻ると、即座に本国政府にこう打電した。

〈日本政府の中枢《ちゅうすう》からゴーサインを得た。横須賀の母港化計画を進めて欲しい〉

一九七二年十一月、田中内閣は船田の言葉通り、正式に横須賀の「母港化」を決定した。これを受け、翌七三年十月、通常型空母「ミッドウェー」が母港・横須賀に入港している。

「母港化によって、日米安保の信頼度は飛躍的に増した。あの決定によって、今の日米安保の礎《いしずえ》は磐石《ばんじゃく》のものになったのだ……」

密使役以来、思い出の地・横須賀を何度となく訪れているアワーはそう振り返る。

それから四半世紀以上たった二〇〇五年十二月、米海軍は横須賀を母港とする通常型空母「キティホーク」の後継として、〇八年から原子力空母「ジョージ・ワシントン」を充《あ》てることを正式に決めた。横須賀出身の首相・小泉純一郎（当時）は米側の要請を受け、即座に容認姿勢を表明した。

「原子力空母の横須賀配備を『日本防衛のため』と小泉首相が明言したのは、とてもすばらしいことだ」

駐日米大使のJ・トーマス・シーファーはすかさず小泉の「政治決断」をこう評した。その言葉には横須賀を母港化する際に当時の駐日米大使であるインガソールらが覚えたであろう、ギリギリの焦燥感や不安は微塵《みじん》も感じられない。

「日米同盟の機関化（institutionalization）」――。

在日米軍司令官のライトとシーファーには日米同盟について共通した「ビジョン」がある。

それはどの時代でも、どんな環境下でも「特定の個人」に依存することなく、日米両国が健全な同盟関係を維持していけるだけの状態を両国内に整備＝機関化することである。

これまでの日米関係は「ブッシュ‐小泉」、あるいは「レーガン‐中曽根」を頂点として、時には偶発的、時には突発的に発生した「個人的な関係」に依存したまま維持・運営されている面が否《いな》めなかった。

駐日米大使のポストには米政界の重鎮が歓迎され、歴代米政権について日本側は常に「知日派＝ジャパン・ハンド」と呼ばれる人々がどのようなポストに、何人入るかといった点に関心を寄せた。それはすなわち、この日米同盟が発足後、半世紀以上の歳月を費やしたにもかかわらず、未《いま》だに「人造的」なものであり、「自然発生的」なものではないことを意味している。

冷戦最中の一九七〇年代前半、全面返還から一転して、空母の母港化構想が浮上した横須賀基地を巡るエピソードは、日米間の同盟管理が常にごく限られたわずかな人間の手に委《ゆだ》ねられていたことを改めて浮き彫りにする。

一九七二年に実現した沖縄の本土返還時、時の宰相・佐藤栄作の密使となった若泉敬もその例外ではない。

一九六〇年代初頭、若泉は池田内閣で外相を務めた小坂善太郎の実弟、信越化学工業社長の小坂徳三郎（後の衆議院議員）の知遇を得て、小坂が開いていた個人的な勉強会「有志の会」に顔を出すようになっていた。

当時、小坂は駐日米大使のエドウィン・ライシャワーとともに米大統領、ジョン・F・ケネディの実弟で司法長官のロバート・ケネディの来日を招請するプロジェクトを検討していた。この大仕事を任され、後（一九六二年）に成功させた若泉はライシャワー・小坂コンビの信頼を得て、舞台裏から日米関係の維持・管理を担《にな》う「黒衣役」として次第に存在感を増していく。

やがて、若泉はケネディの国家安全保障問題担当補佐官であるマクジョージ・バンディ(後のフォード財団理事長)の腹心とされた大統領特別補佐官、ウォルト・ロストウの招聘《しょうへい》計画をライシャワー・小坂から相談される。

「従来とは違ったタイプの国際化をやりたい」と漏らす小坂の意を汲《く》んだ若泉の努力もあって、ロストウは一九六五年四月に来日している。来日を巡る交渉を縁にロストウと個人的な関係を構築した若泉は、ケネディ政権下のホワイトハウスを何度も極秘訪問し、日米間に横たわる様々な案件処理について相談を受けている。

「あの頃、日米関係はベトナム問題や沖縄返還問題など多くの難問を抱えていたが、ロストウの来日を契機に若泉さんは彼との個人的関係を深めていった。そうした縁もあって若泉さんは後に沖縄返還交渉を巡り、重要な役割を演じることになった」

当時、若泉の下でアシスタントとして働いていた日本国際交流センター(JCIE)理事長の山本正はそう証言する。

時に歴史に埋もれた密使や仲介役が水面下で暗躍し、奔走しなければ維持できない脆弱《ぜいじゃく》な枠組み。それが冷戦時代を耐え抜いた日米同盟の実態だった。

この同盟関係をそうした個人的な関係や、密使、密約などに依存している状態から脱却させたい。ホワイトハウスと首相官邸、国務省と外務省、国防総省と防衛省、統合参謀本部と統合幕僚監部、そして在日米大使館と在日米軍司令部。幾重にも連なる重層的な人脈を両国の至る所に育てていくことによって、誰がどんなポジションについても簡単に揺らぐことのない強固なシステムに変えていきたい。

米中央政界での実績は一切ないものの、大統領のジョージ・W・ブッシュとは強い友情と信頼関係で結ばれた「異質のオオモノ大使」として知られるシーファーは自らの「来し方」を踏まえてそう考えた。その思いは偶然にも米空軍切っての日本通とされていたライトにも通じるものだった。

問題意識を共有したシーファーとライトが次に考えたのは日米同盟の機関化には一体何が必要なのか、ということだった。

ブッシュ政権のある高官は日米同盟のモデルとされる「米英同盟」が特定の個人的関係などに依拠しないシステム、あるいは機関化されている最大の理由として、両国軍部同士による長年の交流の蓄積と重要な情報をいつでも共有できる高度な信頼関係をあげる。

日本では米英間の「アングロサクソン同盟」について、両国の指導層にアングロサクソン系が多いことや、キリスト教文化を背景にしていることを決定的要因と見る空気が依然、根強い。

だが、シーファーとライトは米英同盟に倣《なら》って、「軍部間の密接な関係」と「高度な情報共有」の双方を強化することにより、日米同盟をさらにグレードアップできる、との結論に達した。

日米両国による軍事面での共同行動の拡充、そして、安全保障政策における情報収集面での協力強化――。

新たにセットした戦略的目標に向けて、ライトは即座に動き出した。

三軍交流

二〇〇六年九月二十三日、ニューサンノー・ホテル――。

在日米軍御用達の宿舎として有名なホテルの一室で、ライトはこの日、日米同盟の歴史に新たな一ページを刻み込んだ。

ホテル二階の会議室に顔を揃《そろ》えたのは日本側からは統合幕僚長の齋藤隆を筆頭に陸上幕僚長、海上幕僚長、航空幕僚長の「三軍」の代表。米側からも在日米軍司令官のライトをはじめ、在日米陸軍司令官（キャンプ座間）、在日米海軍司令官（横須賀基地）、在日米空軍司令官（＝ライト兼務、横田基地）が一堂に会した。

「日米防衛当局による、より一体的なコーディネーション」

日本側文民トップである防衛庁長官と直接コンタクトするという構想をシーファーにやんわりと断られたライトは発想を転換し、軍対軍（military to military）の交流強化に精力を傾けた。

その第一弾として、ライトはまず日本に常駐している在日米陸軍、海軍、海兵隊の司令官に自身（在日米空軍司令官）が加わった「合同司令官会議」を開催した。これを踏み台として、自衛隊首脳部に日米同盟の歴史の中でも初となる双方の「三軍責任者」とそのトップによる「日米合同司令官会議」を提案したのである。

「（第5空軍の司令官を兼務する）在日米軍の司令官ポストはかつて、空軍のことだけを考えていれば良かった。しかし、今は職務の八〇パーセントが陸軍、海軍、そして海兵隊と空軍の一体運用を考えることにある」

在日米軍司令官の職責をそう捉《とら》えるライトにとって、日米双方の司令官（幕僚長）が一堂に会する軍部同士の協議機関は二十一世紀の同盟管理において、必要不可欠なものと映った。

「最低でも年に二回、日米合同司令官会議を開催したい」

そう力説するライトに対して、在日米軍司令部を「張子の虎《とら》」と見立てている自衛隊首脳陣は当惑を隠し切れなかった。

確かに意見交換の場は大切だが、有事指揮権を持たない司令部との会合に一体、どれほどの意味があるのか――。

それが自衛隊側の偽らざる「本音」だった。

ある自衛隊関係者は米軍組織内における在日米軍司令部の性格を踏まえ、「米英関係とは違い、日米間では（在日米軍司令部と統合幕僚監部による定期協議は）無理がある」と漏らす。

「せめて、（防衛省・自衛隊と米太平洋軍司令部などとの）潤滑油的な存在になってくれれば……」

その言葉通り、後に統合幕僚監部はライトに合同司令官会議のあり方を見直す考えを伝えている。

有事の際に直接のコンタクト相手となる在日米軍指導部の「人となり」ぐらいは知っておきたい、という心情から「裃《かみしも》を着た会議ではなく、リラックスしたパーティー方式にしよう」（自衛隊首脳）と呼びかけたのである。その結果、二〇〇七年十月下旬に双方が開催した「第二回日米合同司令官会議」は実質的に「いわゆる懇親会の場」（自衛隊関係者）へと衣替えしている。

日本防衛の現場レベルで事実上の「日米三軍交流」を進め、制服組同士による同盟管理の枠組みを構築しようとしたライト。その動機の一つには、平時の日米同盟を管理する「日米合同委員会」における在日米軍司令部の位置付けに対する問題意識があった。

日米安全保障条約に基づいて一九六〇年に署名・発効した「日米地位協定」は在日米軍への施設・区域の提供、米軍人・軍属の法的地位などを定めたものである。その二十五条では「日米合同委員会」について以下のように説明している。

一、この協定の実施に関して相互間の協議を必要とするすべての事項に関する日本国政府と合衆国政府との間の協議機関として、合同委員会を設置する。合同委員会は、特に、合衆国が相互協力及び安全保障条約の目的の遂行に当たつて使用するため必要とされる日本国内の施設及び区域を決定する協議機関として、任務を行なう。

二、合同委員会は、日本国政府の代表者一人及び合衆国政府の代表者一人で組織し、各代表者は、一人又は二人以上の代理及び職員団を有するものとする。合同委員会は、その手続規則を定め、並びに必要な補助機関及び事務機関を設ける。合同委員会は、日本国政府又は合衆国政府のいずれか一方の代表者の要請があるときはいつでも直ちに会合することができるように組織する。
三、合同委員会は、問題を解決することができないときは、適当な経路を通じて、その問題をそれぞれの政府にさらに考慮されるように移すものとする。

この中で日米地位協定・二十五条は「日米合同委員会」の日本、米国それぞれの代表について具体的に言及していない。だが、実際に日本側の代表を務めているのは防衛省の幹部ではなく、外務省北米局長であり、一方の米側代表は在日米軍司令部副司令官が務めている。

日本側からはこのほか、外務省北米局参事官や防衛省地方協力局長、法務省大臣官房長、農林水産省経営局長、財務省大臣官房参事官らが名を連ねる。

一方の米側では在日米大使館政務担当公使、在日米軍司令部第五部長、在日米陸軍司令部参謀長、在日米空軍司令部副司令官、在日米海軍司令部参謀長、在日米海兵隊基地司令部参謀長が主要メンバーとなっている。

合同委員会はその下部組織として複数の「分科委員会」を設けている。これら分科委員会は外務省の日米安全保障条約課の課長クラスらが中心となって開催し、在日米軍・基地に関する諸問題について、その内容・性格ごとに案件処理にあたる。

たとえば、先述している二〇〇四年八月に沖縄・宜野湾市で発生した米軍ヘリコプターの墜落事故に際しては、外務省、防衛施設庁の当局者や在日米軍司令部の担当官らが「事故現場における協力に関する特別分科委員会」を設置している。後にこの委員会が事故報告書をとりまとめた上で、上部機構である合同委員会に対して「ヘリ離着陸の際の飛行経路の再検討」や「ヘリ事故の際の現場警備についてガイドライン作成」などを勧告した。

こうした分科委員会は常設のものだけでも二十を超える。その内容は「財務分科委員会」や「通信分科委員会」、さらには「実弾射撃訓練の移転に関する特別作業班」など幅広いテーマに分かれる。それぞれの代表もその内容によって、防衛省や総務省、財務省、国土交通省などの担当者が務めており、一見すると合同委員会は「オール日本」の体制を取っているかのように見える。

だが、その実態は外務省がほとんどの場面で実権を握っており、その北米局（北米一課、同二課、日米安全保障条約課）が同盟管理を一手に引き受けているといっても過言ではない。当然のことながら、在日米軍司令部の担当者らとの協議・交渉も外務省の対米エキスパート集団である「アメリカン・スクール」が中心になって進められる。

北米局の課長クラスは最低でも一週間に数回、在日米軍司令部関係者と会合を開き、「時には横田の司令部ビル内でハワイの太平洋軍司令部、ワシントンの国防総省とテレビ会議に臨むこともある」（外務省幹部）。

自他ともに「日米同盟の管理人」と認める外務省・北米局は必要に応じて、国防総省の国防長官室や日本部、太平洋軍司令部のJ5（政策担当）の担当官とも直接コンタクトを取る。このため、外務省から見て在日米軍司令部の存在は常に「一ランク下」に見られがちとなる。

実際、外務省内部のプロトコール（規律）によれば、在日米軍司令部のJ5ヘッド（部門長）ならば相対する日本側のカウンターパート（交渉相手）は課長クラスとなるが、太平洋軍司令部のJ5ヘッドならば「ランクを一つ上げて、審議官クラスが対応している」（同）。

同盟管理の「ねじれ現象」――。

一九八〇年代、レーガン・中曽根両首脳による「ロン・ヤス」関係を基盤に緊密の度合いを増した日米同盟は当時、双方の事務方からこう呼ばれていた。

当時、米国ではすでに外交の窓口である国務省の凋落《ちょうらく》振りに拍車がかかっていた。これとは対照的にポトマック川対岸の国防総省はレーガン政権の強硬な対ソ連政策もあって、「政策官庁」としての存在感を一気に増していった。

日本国憲法の制約によって、日本が米国を守る義務はないとは言え、煎《せん》じ詰めれば「軍事同盟」の一種である日米同盟についても米側では国防総省が主導権を握るようになり、この文脈において国務省は二番手の地位に甘んじるようになった。一方の日本では外務省が質量ともに防衛庁を圧倒的に凌駕《りょうが》する存在であり、日米同盟を含む二国間関係は外務省が常に前面に出る陣形で臨み続けた。

この結果、日米同盟は米側が国防総省、日本側が外務省という、それぞれ本来は違う土俵の組織が双方のカウンターパートとして相対することになった。残された国務省と防衛庁は付随的な存在となり、日米同盟に関わる諸問題については国防総省と外務省が定期的な協議から日常の維持・管理作業、長期的な計画策定までをこなしてきたのである。

戦後初期の頃から一九七〇年代にかけて米国で日本との関係を重視する知日派、いわゆる「ジャパン・ハンド」と言われたのは国務省で日本語を学び、日本研究を専門とした集団＝菊クラブを形成したキャリア外交官たちだった。

それが一九八〇年代になると海軍出身の元国務副長官、リチャード・アーミテージや元国務次官補（東アジア・太平洋担当）のジム・ケリーらが台頭してくる。広義の

「国防総省組」と言えるアーミテージらが二十一世紀の今日においても対日政策で重要なポジションを占めた背景にも、こうした八〇年代に生じた同盟管理における「ねじれ現象」があることは間違いない。

日本国内においてもこの「ねじれ現象」は随所に見て取ることができる。その代表例が外務省などの幹部と在日米軍司令部の幹部が一堂に会して、在日米軍基地を巡る諸問題を協議する「日米合同委員会」だった。

在日米軍司令部にとって、日米合同委員会は日本政府中枢に自らの意見を直接伝えることができる数少ない貴重な窓口であることは間違いない。だが、その内側では政府間レベルの「ねじれ」を抱えたまま、本来の「良き理解者」であるべき防衛庁・自衛隊ではなく、外務省を交渉相手とせざるを得なかった。

第一次ブッシュ政権で日米同盟の底上げを狙《ねら》ったアーミテージらはかねて、内閣府の付属機関的扱いに甘んじていた当時の防衛庁に対して、「一流の政策官庁たれ」とエールを送り続けた。その背景には、日米同盟を正常な形で管理するためには防衛庁・自衛隊が日本政府の組織内において、より主体的な指導力を発揮することが不可欠とする米安保・外交サークルや、在日米軍幹部・ＯＢの声があった。

二〇〇七年一月九日——。

防衛庁は遂《つい》にその姿を「防衛省」へと変えた。戦後、警察予備隊、保安隊・警備隊を経て、一九五四年に自衛隊とともに発足した防衛庁は以来、自衛隊の「管理官庁」という特殊な立場に置かれていた。

そのくびきを逃れ、政策官庁へと脱皮を図る防衛省の誕生。それが在日米軍司令部だけでなく、二十一世紀の日米同盟のあり方に大きな意味を持っているのは明らかだった。

「防衛省の誕生はゴールではなく、新たなる政策課題へのスタートだ」

省昇格を記念する式典で初代防衛相に就任した久間章生はそう指摘した。それは、日本防衛に関する日米連携を「現場レベル」だけでなく「司令部レベル」でも一層強めていくとの意思表示でもあった。

実際、ブッシュ米政権下で始まった「米軍変革（トランスフォーメーション）」に伴う在日米軍の再編プロセスの中で、日本はすでに現場・司令部レベル双方での日米一体化を進める構えを鮮明にしていた。

まず航空自衛隊は在日米軍基地再編の一環として航空総隊司令部を横田に移転させることを決定した。同時に米陸軍で環太平洋をその管轄《かんかつ》下に置く第1軍団司令部がワシントン州から神奈川県にあるキャンプ座間に移転してくることを睨《にら》み、陸上自衛隊は新たに創設した「中央即応集団」の拠点を埼玉県・朝霞《あさか》にある陸自の駐屯地ではなく、敢《あ》えてキャンプ座間に構えることにした。

これらの方針が全て実現すれば、すでに司令部レベルでの良好な意思疎通《そつう》環境を整えている自衛艦隊と第7艦隊の関係に加え、陸・海・空それぞれの有事指揮権を持つ日米の司令部・司令官同士が密接に連携できる環境が整う。

それは、三軍交流を通じてライトが目指した「同盟機関化のための下地作り」と同じ結果をもたらすことになった。そのことを良く理解しているライトはこれ以降、部下たちとのミーティングでこう繰り返した。

「防衛省の新しい役割に我々がどのように応《こた》えていけるのかを諸君たちもよく考えて欲しい」

キーン・エッジ

二十一世紀の今日においても日本の安保体制を考える時、最も衝撃度が大きいのは当然のことながら、「敵性国家」による日本領土への直接攻撃である。

第二に懸念《けねん》すべき案件としては、先に勃発《ぼっぱつ》した台湾海峡危機のようなわが国周辺に発生する安全保障上の危機、すなわち「周辺事態」がある。

最後は首都直下型の巨大地震や、大型台風、あるいは国際的なテロ組織による大規模無差別テロなど日本国内で発生する大型の人災・天災型危機と言える。

このうち、二番目の「周辺事態」は、それを引き受ける自衛艦隊と米第7艦隊の連携に問題はない。三番目の災害・テロ対策は主に首都圏を担当する陸自の東部方面総監部が受け持つ体制が出来上がっている。

だが、第一の「直接攻撃」について、日米双方の担当者は不安を隠そうとはしない。冷戦時代は旧ソ連が圧倒的な陸軍兵力で北海道に侵攻してくるシナリオの蓋然性《がいぜんせい》が高いと見られていたが、弾道ミサイルの拡散が懸念される今日では「日本防衛」はほぼミサイル防衛（ＭＤ）と「同意語」になりつつある。にもかかわらず、弾道ミサイルによる攻撃への対処はまだ十二分とは言えない状態にあるからである。

このため、自衛隊は前述したようにＭＤ体制の強化を狙って、航空総隊司令部を府中から在日米軍司令部がある横田基地に移転することを決めた。さらに将来は在日米軍司令部と同居する第5空軍司令部（＝実質的には第13空軍司令部のサテライト司令部）を通じて、航空総隊司令部はハワイにある太平洋軍司令部傘下《さんか》の太平洋空軍司令部ともリアルタイムで敵ミサイルの飛来データなどの軍事情報を共有できる体制を目指している。

「府中にある航空自衛隊の司令部が横田に移ってくることで、これまでにない日米一体運用が可能になるはずだ」

そう語りながらも、自衛隊の懸念を肌で感じているライトが頭に思い描く「近未来同盟」のあり方。それを米側が自衛隊関係者にまざまざと見せ付けたのは、二〇〇七年一月末に行われた日米共同統合演習「キーン・エッジ（鋭い刃）」でのことだった。

◇

「北朝鮮の弾道ミサイル基地に異常な動きを確認した。ミサイルの先端部分には生物・化学兵器、あるいは核弾頭を搭載している可能性もある」

二〇X年晩夏——。

米国との平和条約を締結した後も弾道ミサイルと核兵器の廃棄を拒絶し続けてきた北朝鮮の金正日政権が自らの経済的困窮を背景に暴挙の火蓋《ひぶた》を切ったのは、まだ朝日が日本海に顔を出す前のことだった。

必要に応じて高度を百キロメートル前後まで下げることによって、分解能五センチメートルという驚異的な偵察能力を持つに至った米国の最新鋭ステルス型偵察衛星

「KH-α」は、その姿をしっかりと捉《とら》えていた。

長い歳月と多くの人手をかけて地中深くに建設した複数の秘密基地から、その姿を見せたのは全長十五メートルを超す最新鋭の弾道ミサイル「ノドン改」だった。

あわただしく動く作業員と思《おぼ》しき複数の人影。発射用の燃料を注入するため、何度も出入りを繰り返す大型トレーラー。北朝鮮上空を何度も通り過ぎる米国の偵察衛星はその様子を作業員のあわてふためいた表情とともに見逃さなかった。

「北朝鮮にミサイル発射の兆候あり。警戒態勢をレベル1に上げるべし」――。

統合参謀本部から太平洋軍司令部、そして在日米軍へと瞬時に駆け抜けた情報は東京・市ヶ谷の防衛省・統合幕僚監部にも即座に伝えられる。

米側からの情報を受けた首相は急遽《きゅうきょ》、外相、防衛相、官房長官らを召集して安全保障会議を開催し、この日のために密《ひそ》かに策定していた「対弾道ミサイル・日本防衛計画」を実行に移すことを命じた。

首相の指示に基づき、防衛相は数日前から日本海に待機していた「こんごう」など海上自衛隊が誇る四隻《せき》のイージス艦に迎撃準備を指示した。これに合わせて、入間基地（埼玉県）に駐留していた航空自衛隊の迎撃用ミサイル「パトリオット（PAC3）」部隊も首都・東京の中心地へと移動を開始した。

この数日前、ホットラインで結ばれた日米両国首脳は「北朝鮮のミサイル弾頭に生物・化学兵器か核兵器が搭載されている可能性を除外できない」との認識で一致していた。

「ミサイル発射が避けられないと判断した場合、我々はしかるべき手段で敵基地に先制攻撃を仕掛けることを了解して欲しい」

アメリカ合衆国大統領が発した重い決断に日本の首相は無駄な言葉は一切省いて、こう答えた。

「ミスター・プレジデント、わかっています」

この時までに米軍は日本海に二つの空母戦闘グループを派遣し、海上発射型迎撃ミサイル「スタンダード・ミサイル（ＳＭ３）」を搭載したイージス艦十隻に合流させていた。二隻の空母周辺では巡航ミサイル「トマホーク」を備えた原子力潜水艦が密かに「その時」を待っていた。

「複数の移動式ミサイル発射基地に異常な動きを確認。ミサイル先端に何らかの『弾頭』装着作業を続けている模様」――。

偵察衛星からの最新情報を聞いた米大統領はホワイトハウス地下にあるシチュエーション・ルームで遂に決断を下した。

「北朝鮮のミサイル基地を攻撃せよっ」

大統領の命令から二分後、日本海で待機していた四隻の米原潜が一斉に巡航ミサイル「トマホーク」を発射した。同時に沖縄・嘉手納基地に事前配備していた最新型ステルス戦闘機「F22」四機が編隊を組んで、スクランブル発進した。二つの空母部隊からは艦載機「F／A18」が一斉に飛び立ち、南北朝鮮を分断する軍事境界線付近を目指した。

だが、米側の動きを察知していた北朝鮮は巡航速度がマッハの領域には達しないトマホークがまだ自国領空を侵犯する前の段階で、複数の弾道ミサイル「ノドン」に点火できることを知っていた。トマホーク発射を確認した北朝鮮指導部は軍事境界線付近に隠し続けていた火力部隊に「対ソウル総攻撃開始」の命令を発すると同時に各ミサイル基地にこう命じた。

「ただ今より、米帝国主義の手先となって、偉大なる我が共和国を敵視する南朝鮮・日本に対する殲滅《せんめつ》作戦を実行する。全ミサイルに一斉点火せよ」

高度三万六千キロメートルの上空から、北朝鮮沿岸部をじっと観察していた米国の早期警戒衛星は即座に北朝鮮によるミサイル発射を意味する異常な熱源を捉え、日本海に点在する日米双方のイージス艦に情報を送った。

その二分後、東京・横田の在日米軍司令部地下――。

統合司令センター（JOC）で緊張した表情のまま、在日米軍司令官が市ヶ谷の自衛隊統合幕僚長にホットラインで伝えた。

「北朝鮮が発射した二十発のミサイルのうち、日本本土に到達しうるミサイルの針路が判明した。着弾予想地点は茨城の東海村周辺、そして沖縄・嘉手納である。着弾予想時刻はいずれも現時刻から六分後と想定される。以上」

同時刻、日本海洋上では「こんごう」や「ジョン・マケイン」といった日米双方のイージス艦が一斉に後部甲板の弾倉を開いていた。数秒後、頭の先と腹の底を同時に揺るがす轟音とともに複数の迎撃ミサイル「SM3」が垂直に飛び出していった。

日本海に面したミサイル基地から相次いで発射された「ノドン」は最終的に二十発を超えていた。予想される飛来先は首都圏のほか、新潟など日本海側の主要都市、内陸部の長野、あるいは関西圏の京都などにまで広がりつつあった。

日米の防衛当局が最も懸念したのは弾道ミサイルに搭載された弾頭の種類だった。

「果たして全てが通常弾頭なのか、それとも生物・化学兵器の弾頭、あるいは核弾頭も含まれているのか……」

最悪の場合、北朝鮮が「虎《とら》の子」としてその存在を隠し続けている五発の核爆弾のうち、いずれかを搭載する恐れも日本の防衛当局は捨て切れずにいた。

東京・横田の在日米軍司令部地下にあるＪＯＣでは中央の巨大スクリーンの前に陣取った在日米軍司令官が、手元にある複数の小型スクリーンを目で追いながら、矢継ぎ早に指示を飛ばし続けていた。

北朝鮮が次々に放つ弾道ミサイルの発射地点、その軌道、予想される目標地点……。日本海に展開する複数の日米双方のイージス艦、日本の各地に配備したミサイル迎撃システム基地局が断続的に送ってくるデータは横田のＪＯＣを経由して、ハワイの太平洋軍司令部（ＰＡＣＯＭ）、米コロラド州の北米航空宇宙防衛司令部（ＮＯＲＡＤ）、そして首都・ワシントンの統合参謀本部（ＪＣＳ）へとリアルタイムで送られていく。

「『ジャイロー』と『カーティス・ウィルバー』、ともにノドンの迎撃を確認」

「海自の『ちょうかい』も撃墜成功」

東京・市ヶ谷にある防衛省の地下、日本の統合幕僚監部の司令センターの戦闘指揮所では日本の制服組のトップである統合幕僚長が在日米軍司令部と直結しているテレビ電話に向かい合い、互いに戦況を確認し合っていた。

「最終的には発射されるミサイルのうち、一割前後の本土着弾は避けられないかもしれない……」

　思わずうめく幕僚長に対して、在日米軍司令官は語気を強めて言った。

「ミスター・チェアマン（幕僚長）、あと少しの辛抱です。まもなく我が軍のステルス戦闘機部隊がトマホークの後を追って、北朝鮮沿岸部のミサイル基地エリアに到着し、殲滅行動に入ります。それまで何とか両国のＭＤシステムで持ちこたえましょう」――。

◇

　二〇〇七年一月二十九日、日米両国は通算すると十六度目となる二年に一度の共同統合演習「キーン・エッジ」を実施した。

　二〇〇六年夏の北朝鮮によるミサイル連射事件を受けて、二〇〇七年に想定した演習シナリオ。それは前述したように「北朝鮮が弾道ミサイルを一日二十発、数日間に亘《わた》って合計百五十発を日本に打ち込んだ」というものだった。

　十一日間の日程で行われた図上での指揮所演習には日本側から千三百五十人、米側からは三千百人が参加。東京・市ヶ谷の防衛省とともに拠点となった在日米軍司令部には日本の自衛隊幹部百人前後が集結している。「キーン・エッジ」では、日米双方の司令部が横田と市ヶ谷にそれぞれ設置した複数のコンピューター画面上で特定の「有事シナリオ」に沿う格好で、日米双方の実動部隊の動きを入力することから始まる。

さらに、それらのシナリオに対応するために作成した具体的な作戦計画をコンピューター上で実行に移すことで、作戦計画そのものの妥当性や、その際の日米間の情報伝達・意思疎《そ》通《つう》の流れなどを確認するという手順を踏む。

近年、特徴的なのは「周辺事態」と「日本防衛」の両シナリオを想定することが多い点である。前者が中国・台湾間に紛争が発生した場合を想定した「台湾海峡動乱」、後者が北朝鮮の弾道ミサイルによる日本攻撃など「朝鮮半島危機」を下敷きにしている。自衛隊当局は建前上、そうしたことを公言しないが、その実態はいわば、「公然の秘密」（自衛隊幹部）と言っても過言ではなかった。

実際、図上演習では「青国（日本を想定）」「緑国（米国を想定）」などのほか、「橙国」や「紫国」、「赤国」などの仮想国名が使用される。統合幕僚監部は公式見解として「それぞれの色が特定の国を指すものではない」としているが、日米双方の関係者の間では「橙国」が中国、「紫国」が北朝鮮、「赤国」がロシアを意味していた。

演習において、日本側では自衛隊の組織改編によって発足した統合幕僚監部のトップである統合幕僚長が各部隊の動きを一元的に管理・運用するが、弾道ミサイルを迎撃するミサイル防衛については航空自衛隊の航空総隊司令官、離島侵攻対処では海上自衛隊の自衛艦隊司令官が、それぞれ統合任務部隊指揮官として指揮活動に参加する。

一方の米側では在日米軍司令官のライトが有事の際の指揮権を持つ太平洋軍司令部、統合参謀本部などと連絡を取りつつ、日本側をバックアップするという構図である。

演習当日、JOC内に設けた日本との共同司令センター（B－JOC）で取り上げたテーマは弾道ミサイル防衛だった。北朝鮮の弾道ミサイル開発・試射を「現実的脅威」として認定した上での演習には「二百台以上のモニターやスクリーン」（ライト）を導入して、名実ともに実戦さながらの演習を繰り広げた。

日米双方の関係者でもごく少数の人間しか出入りを許されていない「B－JOC」では、自衛隊・統合幕僚監部のエリートと在日米軍司令部のエース級が実際に肩を並べて共同作業にあたった。

その後方には一人、「共に行動するところから、真の『戦闘力』は生まれる」と心中でくり返しながら満足げに頷《うなず》くライトの姿があった。

この日のため、ライトはJ3のスタッフ（約六十五人）を中心に何度も米軍単独の予行演習を繰り返し、統合幕僚監部との一糸乱れぬ連携に万全を期していた。「B－JOCは齋藤（隆）統合幕僚長のために設けたもの。私は三ツ星（中将）で彼は四ツ星（大将）なのだから、我々がなすべきことはワシントン（国防総省・統合参謀本部）、ハワイ（太平洋軍司令部）からの情報を含め、すべてを彼（齋藤幕僚長）に伝えるという『応答型の司令（responsive command）』に徹することだ」

自らを自衛隊統合幕僚長の「ウイングマン（編隊僚機）」と呼ぶライトは、最新のシナリオに基づいた二〇〇七年版「キーン・エッジ」における在日米軍司令部の役割をそう位置付けた。

ミサイル防衛

発射から着弾まで十分間を切ると言われる弾道ミサイルの迎撃を目指すMD体制。それを効率的、かつ高い成功率で運用するためには、日米双方の防衛当局による高度、かつ迅速な状況把握、そして瞬時の決断が欠かせない。

通算すると十六回を数える「キーン・エッジ」で、初めてMD体制を基盤にしたシナリオを採用した最大の理由もここにある。

二〇〇六年夏のミサイル実験によって、北朝鮮によるミサイルの脅威が現実のものとなった今、日米軍事当局がMDを中核として連携強化に走るのは自然な流れでもあった。そして、MDシステムの導入加速は必然的に安全保障政策における「日米融合」を促す結果にも結びついていくのである。

「(日米間で)『交渉(negotiating)』するのではなく、チームとして『一体化(teaming)』を心がけよう」

キーン・エッジに際して、日本側にそう呼びかけたライトは「戦略レベルでも実戦レベルでもコミュニケーションがとても重要になる」と強調する一方で、こうも断言した。

「我々の司令センターから(MDの)『引き金』を引くようなことは絶対にしない」

意味深長なライトの言葉の裏には、MD体制を巡って日米間に横たわっている「巨大な不発弾」の存在があった。

それは冷戦時代から日本が守り続けているテーゼ、すなわち現行の憲法下における「集団的自衛権」の行使問題とMDシステムとの関係である。

「海上自衛隊の艦船に(ミサイル)迎撃能力があっても、敵が発射したミサイルが日本に向かっているかどうか見極めるまで迎撃できないのか。答えは今、出した方がいい。日米同盟の根幹にかかわる問題だ」

二〇〇六年十月二十七日、シーファーは東京・内幸町の日本記者クラブで記者会見し、日米防衛協力の一環として両国政府が整備を進めているMD体制に対する日本の姿勢について、こう問題提起した。

第三国が米国に向けて発射したミサイルを自衛隊が迎撃できるかどうか——。

この点について、日本政府は「憲法で禁じられた集団的自衛権の行使に当たる可能性がある」とする憲法解釈に沿って、不透明な姿勢を続けている。「シーファー発言」はいわゆる五五年体制以来続く旧態依然たる憲法解釈を日本が見直さない限り、「MD時代の日米同盟」に深刻な亀裂《きれつ》が走ると警告したものと受け止められた。

北朝鮮による米国への弾道ミサイル攻撃が現実味を増してくる中、日本によるMD計画への一層の参画を求める米国。その「台所事情」を察した日本も可能な範囲で前向きに応じる姿勢を見せ続けた。

シーファー発言からおよそ半年後の二〇〇七年五月一日、ワシントン——。

日米両政府はおよそ一年振りに外務・防衛担当閣僚による日米安全保障協議委員会（2プラス2）を開き、ミサイル防衛システムを巡る協力体制に関する共同発表を取りまとめた。

日本側から外相の麻生太郎と防衛相の久間章生、米側から国務長官のコンドリーザ・ライスと国防長官のロバート・ゲーツが出席した協議では「同盟の変革：日米の安全保障及び防衛協力の進展」と題する共同発表の内容を最終的に確認している。

この中で、日米双方はＭＤの日本国内での配備計画を前倒しすることで合意した。具体的には海上自衛隊が保有するイージス艦「こんごう」を同年末までに改修して海上から弾道ミサイルを迎撃するスタンダード・ミサイル（ＳＭ３）を搭載するほか、地上から迎撃するパトリオット（ＰＡＣ３）の国内配備完了の目標時期も当初の「二〇一一年三月末」から「二〇一〇年初め」に前倒しにすることを決めている。

「日本はミサイル防衛で最も重要なパートナーだ」

協議後、ゲーツが日本をそう持ち上げれば、久間は「弾道ミサイル防衛（ＢＭＤ）配備を進めるに当たり、ＢＭＤの能力面の強化に加え、情報共有など運用面の協力強化を図っていくことで一致した」と応じた。

日米双方の防衛トップによる華やかなエール交換。だが、その内情は双方ともに最も機微に触れる問題、すなわちＭＤ時代における集団的自衛権の憲法解釈まで踏み込むことはしない、政治的には無難なものに落ち着いていた。

日米両国がまとめた報告書「同盟の変革・日米の安全保障及び防衛協力の進展」の中で日米間のＭＤ協力体制に関する部分は以下の通りである。

《ＢＭＤ及び運用協力の強化》

同盟の弾道ミサイル防衛（ＢＭＤ）能力は日米のシステムが効果的に共同運用できる程度に応じて強化される。両国が能力を整備し、配備する際に戦術面、運用面、戦略面での調整を確保するためにあらゆる努力を払うことを確認した。

●運用能力を強化するため二国間の計画検討作業は、予見可能な将来におけるミサイル防衛能力を考慮する。

●〇五年十月、安全保障協議委員会は共同統合運用調整所の構築を指示した。〇六年の北朝鮮のミサイルによる挑発の間、日米は横田飛行場の暫定《ざんてい》的な調整施設を通じてのものを含め適時に情報を交換した。この施設が収めた成功は二国間の政策・運用調整の継続的な向上の重要性を実証した。

●日米双方はＢＭＤ運用情報と関連情報を直接相互にリアルタイムで、常時共有することを確約している。二国間の共通の運用画面を構築する。

●双方は共有すべき広範な運用情報とデータを特定するために、包括的な情報共有ロードマップを策定する。

《ＢＭＤシステム能力の向上》

ミサイル防衛に関する過去の同盟の決定が地域でのＢＭＤ能力を強化してきたことを評価した。

●米国Ｘバンド・レーダーシステムの日本の航空自衛隊車力分屯基地への配備及び運用は、米国のレーダーデータの自衛隊への提供を伴う。

●日本の米軍嘉手納飛行場への米国地対空誘導弾パトリオット（ＰＡＣ３）大隊の配備と運用。

●米太平洋艦隊のスタンダード・ミサイル（ＳＭ３）防衛能力の最近と今後の継続的な追加。

●日本のイージス艦へのＳＭ３能力付与のための改修を促進する。護衛艦「こんごう」の改修を〇七年末までに完了し、「ちょうかい」「みょうこう」「きりしま」の改修も前倒しする。

●ＰＡＣ３配備を前倒しする。最初のＰＡＣ３高射隊は〇七年三月に配備されており、十六個の高射隊が一〇年初めまでに配備される見通し。

●次世代型ＳＭ３迎撃ミサイルの日米共同開発を優先的に取り扱う。技術の移転枠組みで双方が基本合意し、この計画と将来の日米の技術協力計画の進展を促進する。

この「2プラス2」ではMD協力のほか、日米同盟の「機関化」に向けて、シーファー・ライトがチームで取り組んでいた情報共有に関する重要なインフラ整備も行った。MDの共同運用を念頭に置いて、アジア太平洋地域における「共有情報」の範囲を定めるため、「包括的な情報共有ロードマップ」を策定することも申し合わせたのである。

軍事情報包括保護協定（GSOMIA＝ジーソミア）――。

世界最強の軍事大国であり、最新の軍事技術保有国でもある米国は軍事全般に関する機密情報の漏洩《ろうえい》を防ぐために、北大西洋条約機構（NATO）加盟の欧州各国やイスラエルなどの六十数ヵ国と個別に特殊な協定を結んでいる。

通称「GSOMIA」と呼ばれる協定では、各情報へのアクセス権について、その種類別に対象となる人間を限定するほか、書類・写真・録音・電算情報など形態ごとに保管方法を厳密なルールで明文化する。その範囲は重要な軍事装備品に関する技術情報をはじめ、訓練情報、作戦情報などあらゆる「軍事情報」にまで広がる。

アジアでは韓国もGSOMIAの協定国であるにもかかわらず、日本はまだ加盟しておらず、これが日米MD協力を阻害する一つの重大な要因とされてきた。最先端の軍事情報を共有する際の前提条件となるGSOMIAの締結。それを同盟機関化のための二本柱の一つである「高度な情報共有」への第一歩、とシーファーはにらんだ。

「日本において情報面での安全を強化することについて、非常に高いレベルで政治的な関心を集めることにシーファー大使は成功した」

時には首相官邸、時には国会に自ら足を運び、日本政府・議会の中枢《ちゅうすう》にGSOMIA締結の重要性を説いて回ったシーファー。その努力を間近で見聞きしていたライトは「2プラス2」での締結合意を受け、感慨深げに側近らにそう呟《つぶや》いている。

この合意によって、日米間の情報面での一体化にも拍車がかかることは確実となった。それは同時に日本政府や与党・自民党内などに情報管理強化に向けた国内法整備の議論を促す副次的効果も生み出していくことになる。

「こと機密保全に関しては軍部だけでは限界があるからな……」

ライトの言葉に在日米軍司令部の幹部たちは皆、一様に頷いて見せた。

ＭＤ協力の加速とともに同盟機関化を促す「情報共有」でも大きくステップを踏み出した日本側はさらにもう一つの懸案事項、集団的自衛権の解釈問題についても行動を起こした。

「ＭＤの前提となる情報収集面でも米国に依存している。米国に向かうミサイルを撃ち落とさないという選択肢はない」

「ＭＤでは集団的自衛権の行使を前提にしないと、（憲法解釈で）無理を重ねることになる」

「２プラス２」から二ヵ月後の六月二十九日、集団的自衛権に関する個別事例を議論している政府の有識者会議「安全保障の法的基盤の再構築に関する懇談会」（座長＝柳井俊二元駐米大使）が開催された。

これで三回目となる会合では対米支援に関する分野について、集団的自衛権の行使を禁じた政府の憲法解釈を変更して行使を容認するよう、首相の安倍晋三に提言すべきだとする声が相次いだ。

一、北朝鮮などから米国に向かうミサイルについては自衛隊が迎撃すべきである。

一、それを法的に担保するためには、集団的自衛権の政府解釈の変更が不可欠である。

相次ぐ懇談会メンバーの言葉は、その半年前にシーファーが呈した「日本に向かっていなければ迎撃できないのか」という疑問に対する明確な返答だった。

第二回会合で「公海上での米艦防護」について、自衛隊による防護の必要性を指摘した懇談会メンバーはさらに、MD体制についても対米支援の姿勢を鮮明にした。

これによって、安倍が懇談会に検討を求めた集団的自衛権の行使問題を巡る「四類型」のうち、対米支援に関する二類型についてはいずれも日米同盟重視の観点から、政府解釈の変更が望ましいとの結論が固まった。

この時点で安倍は座長の柳井に対して、最終的な報告書を「九月中に自分に提出して欲しい」と要請している。これに対して、柳井は国内世論になお、「対米追従」との批判が根強いことなどから、「もう少し時間をかけた方が良い」と応じ、結果的に「二〇〇七年秋」をメドに報告書を提出することで折り合った経緯もある。

だが、その後の七月の参院選での安倍・自民党の大敗、そして安倍の電撃的退陣という一連の政変によって、集団的自衛権の解釈問題を巡る日本の「歩み寄り」は大幅な計画変更を余儀なくされている。

一方で、こうした間にもライトをはじめとする在日米軍司令部はMDシステムについて、日本側とイージス艦などを使った共同訓練を水面下で重ねていった。二〇〇六年秋から二〇〇七年夏までに実施した訓練は合計五回。いずれも北朝鮮による弾道ミサイル発射を想定して、日本周辺海域で行っている。各演習には海上自衛隊のイージス艦や航空自衛隊の空中警戒管制機（AWACS）のほか、在日米海軍所属のイージス艦なども参加した。MD運用に不可欠な自衛隊と米軍の情報共有のための通信訓練などを行った。

「（防衛庁から発足した）防衛省の新しい役割は我々、在日米軍司令部にも一週・七日間・二十四時間体制で対応する態勢を求めている」

配下の司令官たちにそう檄《げき》を飛ばしながら、ライトは演習継続の必要性を日本側にも訴えた。

「日米間の共同対処能力を少しでも向上させようではないか」

「共同対処能力」とは敵ミサイル迎撃など緊急時に大量のデータを日米双方の複数のイージス艦同士で瞬時にやりとりしながら、ミサイルの追尾や迎撃を共同で実行する能力を指す。

たとえば北朝鮮から首都圏に向けて弾道ミサイルが発射された場合、着弾するまでに要する時間はわずか十分弱。その間、まず米軍が保有する早期警戒衛星が発射を感知し、早期警戒情報を発信する。これをもとに日米双方のイージス艦などがよどみなくデータ交換することでそれぞれの役割を分担し、追尾と迎撃を行うのが「理想的なパターン」とされる。

だが、二〇〇六年七月の北朝鮮によるミサイル発射時には第7艦隊所属のイージス艦三隻《せき》が横須賀基地から出動、太平洋側と日本海側で警戒任務についていたにもかかわらず、日本側とのデータリンクを通じた情報共有が十二分には出来ず、結果的に日米間の連携に問題が生じていた。

こうした経験を踏まえ、米海軍は二十一世紀初頭までにこの三隻を含め、合計十八隻を「MD仕様」に改修。米ディフェンス・ニュースなどによると、その大半は在日米海軍を中心に太平洋地域に配備すると言われている。

計画達成時には一層複雑化する日米間のMDデータリンク網。それを十二分に活用するためには地道な演習をひたすら繰り返すしか道はない。

「いかなる危機においても重要、かつ信頼できる情報を持って対応しなければならない」

ライトの呼びかけに対して、防衛省・自衛隊も「待ったなし」の姿勢でMD体制をにらんだ日米合同演習に傾倒していった。

二〇〇七年十一月六日、米ハワイ沖で漆黒の闇《やみ》の中、相次いで二発の弾道ミサイルが放たれた。その航跡は最新鋭のレーダーを備えた米駆逐艦によって探知され、ただちにデータは僚艦へと送信された。受け取ったデータを即座に解析し、その軌道を確認したイージス艦は二発のスタンダード・ミサイル（SM3）を発射。直後、標的とされた二発のミサイルは、海の藻屑《もくず》となってレーダー・スクリーンから消えていった……。

限りなく「実戦」を想定した実験では、敵からのミサイル攻撃が一発にとどまらないという前提に立っていた。その厳しい条件下にもかかわらず、二発のSM3は見事に弾道ミサイルを迎撃していた。

米国防総省でMDシステムを担当するミサイル防衛局が「作戦上、初めての現実的な実験」と位置づけた演習にはもう一つ、目に見えない「成果」があった。海上自衛隊が派遣したイージス艦「こんごう」が初めて実戦形式で参加していたのである。「こんごう」の役回りは標的となったミサイルを実際に追尾・捕捉《ほそく》する訓練。それを見事にこなした「こんごう」は次の段階としてSM3の実戦配備を済ませ、日本のMD体制の先陣を切った。

それから一ヵ月以上が過ぎた二〇〇七年十二月十七日午後十二時十一分、米ハワイ・カウアイ島沖――。

その少し前、カウアイ島西端に位置する米国のミサイル発射施設から弾道ミサイルの模擬弾が大気を切り裂いて、空中高くに舞い上がった。

そこから数百キロメートル離れた場所で目を光らせていたのが「こんごう」だった。海上配備型のSM3を搭載し、MD対応への備えを済ませた「こんごう」は自慢の高性能レーダーで標的と定めた模擬弾を即座に探知、これを追尾してSM3一発を発射した。SM3は打ち手の意図と寸分違《たが》わぬ航跡を描いて高度百キロメートル以上の空域まで飛び出し、見事に標的を撃ち落とした。

日米共同という掛け声とは裏腹に、それまではあくまでもオブザーバー参加に過ぎなかったミサイル防衛（MD）システム。そこに晴れて日本のイージス艦が真の意味で「顔」を連ねた瞬間だった。

迎撃成功を受けて、日本政府は「こんごう」を二〇〇八年一月上旬に日本海に配備。さらに、二〇一〇年度末まで海自が保有するイージス艦を毎年一隻ずつMD対応に改修、合計四隻(日本海側＝佐世保、舞鶴《まいづる》に計三隻、太平洋側＝横須賀に一隻)のイージス艦を日本防衛のためのＭＤシステムに組み込む計画を実現させつつある。

米国はＳＭ３を使った迎撃試験を二〇〇二年一月に開始して以来、〇七年十一月までに全十二回中十一回成功している。だが、米国以外でＳＭ３の発射・迎撃試験を成功させたのは数ある米国の同盟国の中でも日本が初めてだった。

「極めて意義深い。迎撃システムの信頼性向上が大きく前進した」

実験成功の報を受けた防衛相の石破茂は〇七年十二月十八日、閣議後の記者会見でそう述べ、その意義を強調した。

翌十九日、自民党は国防関係合同会議を開き、ＭＤシステムの運用に関する迎撃手続きを定めた「緊急対処要領」を改正することを了承した。

「緊急対処要領」とは、外国から突発的に弾道ミサイルなどが発射された緊急時に現場指揮官の判断で迎撃する基準を定めたものである。ＳＭ３の実戦配備をにらみ、政府も二十四日、これの一部変更を閣議決定し、緊急対処要領の対象として、地対空誘導弾パトリオット(ＰＡＣ３)に続いてＳＭ３を加えた。

在日米軍司令部発足五十周年という節目の年に残した日米両国によるＭＤシステムの相次ぐ共演。それは「同盟機関化」を目指すシーファーとライトの盟友コンビが記した確かな一歩でもあった。

ラムズフェルドとともに米軍再編の青写真を描いた国防科学技術委員会のウィリアム・シュナイダー委員長はミサイル防衛（ＭＤ）システムが本格的に稼動《かどう》する時、これまでのような米軍の意思決定システムとは別種の「ネットワーク」が必要になるだろう、と指摘している。

たとえば北朝鮮が発射した弾道ミサイルに米軍がＭＤシステムで対処する場合、韓国（在韓米軍司令部）、日本（在日米軍司令部）、ハワイ（太平洋軍司令部）、そして米本土のＮＯＲＡＤの迅速な連携がポイントになる。

米コロラド州シャイアン・マウンテンに位置する「ＮＯＲＡＤ（ノーラッド）」は正式名称を「北米航空宇宙防衛司令部（North American Aerospace Defense Command）」という。

その名称通り、米国とカナダが共同で運営する軍事司令部として知られ、宇宙空間のすべての人工物の発見・確認・監視のほか、弾道ミサイルや航空機、宇宙船など北米空域に対する「脅威」への早期警戒が主要任務とされる。

このＮＯＲＡＤを中心とする軍事オペレーションでは「どこの司令部がどこの司令

部より上か下か」といった点はあまり重要ではなくなる、とシュナイダーは言う。

シュナイダーの言葉に在日米軍司令官から米制服組トップの統合参謀本部議長まで上り詰めたリチャード・マイヤーズもこう呼応している。

「MD時代になれば、PACOMからUSFJにオペレーション上、より大きな権限が移るかもしれない……」

第五章

在日米軍司令部の将来図

横田基地内にある在日米軍司令部の本部
（撮影：広瀬達郎）

幻の構想

世界を二つに分けていた東西冷戦が名実ともに終結した観が強まっていた一九九一年春、在韓米軍司令官のロバート・リスカシ（陸軍大将）は密《ひそ》かに帰国した。アジア太平洋地域における米軍前方展開戦力について、抜本的な体制変革を試みる米陸軍上層部の秘密会合に出席するためだった。

「在韓米軍司令部を廃止し、在日米軍司令部に四ツ星の陸軍大将を送り込み、より大きな権限を持った司令官にできないか」

米制服組の中でも陸軍の中でだけ、極秘に検討されたプラン。その背景には冷戦の終結を経て、当時の第四十一代アメリカ合衆国大統領、ジョージ・H・W・ブッシュが先導したアジアでの米軍戦力削減計画があった。

「在日米軍を含めたアジア駐留米軍を一〇〜一二パーセント削減する」

リスカシの極秘帰国から遡《さかのぼ》ること約一年前の一九九〇年初め、父ブッシュ政権で下院議員から国防長官に抜擢《ばってき》されたディック・チェイニーはアジア太平洋地域における新しい安保政策として、抜本的な兵力構成の見直しを断行すると表明した。「極東の戦力バランスを崩すような在日米軍の大幅削減はあり得ない」としていた日本の防衛当局にとって、それはまさに寝耳に水の発表に近かった。

だが、後に「東アジア戦略構想＝ＥＡＳＩ（East Asia Strategic Initiative イージー）」と呼ばれる大胆な青写真は、チェイニー発言より数ヵ月前の一九八九年初夏の時点で、アジア・国際安全保障問題担当の筆頭国防副次官補、カール・フォードらによって極秘裏に進められていた。

フォードは直属の上司にあたる政策担当の国防次官、ポール・ウルフォウィッツ（後の国防副長官）とともにチェイニーへの説得を始め、一九八九年末にはゴーサインを得ていたのである。

当時、米議会では冷戦の終結を受けて、在外駐留米軍を「金食い虫」と見る空気が強まっていた。特に、アジア太平洋地域では日本や韓国の経済的躍進を背景に、いわゆる「安保ただ乗り論（Free Rider Theory）」が米国の立法府で燎原《りょうげん》の火のように広がっていたのである。

こうした事情を背景にフォードらはアジア駐留米軍の総数を「そこに存在する脅威

「のレベル」に合わせて調整していくという削減プランを考え出した。それによって議会の批判を緩和する狙《ねら》いだった。

この頃、冷戦終結とともに北東アジアにおけるソ連の弾道ミサイル「SS20」の脅威は消滅していた。一方で中国人民解放軍の軍備近代化もそれほど進んではいなかった。朝鮮半島では北朝鮮軍が軍事境界線付近で臨戦態勢を崩していなかったが、まだ核兵器開発の疑惑も弾道ミサイルの発射実験も切迫感のない、「遠い将来」の案件と見なされていた。

そして迎えた一九九〇年四月十九日。

フォードとウルフォウィッツは新たな報告書「アジア太平洋地域の戦略的枠組み(A Strategic Framework for the Asian-Pacific Rim)」を提出した。

この報告書の中で、ウルフォウィッツはアジアにおける長期的な米軍削減構想を公式に表明している。前述したように「EASI」と呼ばれた構想は全体で三つの段階に分かれていた。

まず、第一段階として「来年から向こう三年間(一九九〇年から九二年)」にアジアに展開している米軍十三万五千人を一万四千から一万五千人の範囲で削減する、と報告書は指摘していた。その内訳は在日米軍約五千人、在韓米軍約七千人(空軍二千人、陸軍五千人）だった。

続いて一九九三年から九五年を第二段階とし、在韓米軍の主力である第2歩兵師団の再編成をあげた。さらに第三段階として、一九九六年から二〇〇〇年までの間に「初期段階が成功したとの仮定に基づけば、韓国側が（防衛の）主導的役割を担《にな》うべきであり、それが起これば、抑止力の維持に必要な米軍兵力は一層少なくなるはずだ」と展望した。

これは言い換えれば、二十一世紀の初頭段階で米国が在韓米軍の大部分を撤退させる可能性を強く示唆《しさ》するものだった。

このままではアジアでの陸軍のプレゼンスは確実に削減される。第二次大戦後、陸軍元帥《げんすい》で四ツ星のダグラス・マッカーサーを東京に送り込んで以来、米三軍の中で最も権勢を振るっていた陸軍が、政治的にも経済的にも興隆著しいアジア地域で凋落《ちょうらく》することなど許されるものではない。

そう考えた米陸軍上層部は在韓米軍の縮小計画を逆手にとって、在韓米軍司令部と在日米軍司令部の戦略的な「入れ替え」を模索した。

在韓米軍司令部は一九五三年の朝鮮戦争停戦以降、国連軍として残った部隊と米韓相互防衛条約に基づく在韓米軍が一体化し、竜山基地で発足、現在に至っている。こうした経緯を踏まえて、在韓米軍司令官は米陸軍の大将（四ツ星）が務め、在韓米軍だけでなく、米韓連合軍司令官を兼務することになっていた。

米陸軍上層部はその構造を抜本的に変えようと試みていた。

その第一段階として、在日米軍司令部を空軍の三ツ星（中将）主体としている体制から、陸軍の四ツ星が中心となる体制に転換する。次に在韓米軍の主力である陸軍兵力を漸次《ぜんじ》、日本に移転させる。最後の仕上げの段階として、在韓米軍、およびその司令部を大幅に縮小し、事実上、在日米軍司令部に日本と韓国の双方を統括させる——。

そこには二十一世紀をにらんだ米軍のアジア戦略といった大きな構想や、日本、朝鮮半島の恒久的な平和と安定といった観点は一切入ってはいない。ただ、陸軍の「軍益」のみに焦点を絞った企てと言っても過言ではない。

当然のことながら、大義のない構想は往々にして頓挫《とんざ》する。この時、陸軍上層部が水面下で進めていた構想も例外ではなかった。

陸軍内部で極秘に検討を進めたとはいえ、その内容は次第に外部にも漏れ伝わる。当時はまだ「CINCPAC」の略称で呼ばれていた海軍主体の太平洋軍司令部にもその内容は伝わり、その司令官（海軍大将）でもあるチャールズ・ラーソンの知るところともなった。

「その時、ラーソン提督は（陸軍の構想を）望んではいなかった。彼は（在日米軍司令部について）そのまま『三ツ星（中将）』が残ることを求めていた」

自ら海軍兵士としてベトナム戦争で闘った「海軍派」の元国務副長官、リチャード・アーミテージは当時のいきさつについてこう証言する。

陸軍の極秘構想の引き金となったＥＡＳＩは当初、予定通りに順調な滑り出しを見せるはずだった。だが、第一段階の途中で思わぬ「障害」に出くわし、足踏みを余儀なくされている。

北朝鮮による核開発計画、いわゆる「第二次朝鮮戦争危機」の始まりである。

「北朝鮮の核開発の脅威がなくなり、この地域の安全が完全に保障されるまで、第二段階削減を延期することで合意した」

一九九一年十一月、韓国・ソウルで開催した第二十三回定期安保協議で米韓両国政府は共同声明の中で、こう言明した。

当時、核開発疑惑が浮上していた北朝鮮は国際原子力機関（ＩＡＥＡ）との保障措置協定（核査察協定）への署名も拒否するなど、その疑惑は一気に信憑性《しんぴようせい》を増していた。

この頃、父ブッシュ政権は総数約四万三千人の在韓米軍のうち、すでに第一段階として非戦闘要員七千人を削減することで韓国側と合意していた。だが、この方針転換に伴って在韓米軍兵力は三万六千人の水準で下げ止まることになったのである。「ＥＡＳＩ中止」の決断はチェイニーがトップダウン形式で自ら下したものだった。一九九一年秋、米韓安保協議を間近に控え、チェイニーはウルフォウィッツとフォードを国防長官室に呼び出した上で、こう述べている。「ＥＡＳＩについて、何かしなければならない。（北朝鮮の核疑惑について）すべてが明らかになるまで、当面、削減は凍結扱いとする」

翌一九九二年十月、ワシントンで開催した第二十四回米韓定期安保協議で、チェイニーは在韓米軍の追加削減計画を引き続き凍結する考えを表明した。

当時、韓国には合計三万七千四百十三人（陸軍二万七千人、海軍四百人、海兵隊五百人、空軍九千五百十三人）の米軍が駐留していた。前述したように、この時点ですでに第一段階の削減計画（九二年で終了、六千九百八十七人）は実行済みだったが、それに続く「第二段階」として想定していた六千五百人規模の削減計画については、九一年秋に決めた「計画凍結」の方針をそのまま延長している。

「北朝鮮の核開発を巡る不確定要素が解消されない限り、昨年末に決めた通り、第二段階（の削減計画）は留保する」

チェイニーの断固とした言葉は、その後の日米安保体制や在日米軍司令部のあり方にも大きな影響を与えかねなかったＥＡＳＩ構想が完全に「死に体」になったことを意味していた。

時は移り、一九九五年二月――。

米国防総省は北朝鮮の核問題など冷戦後の北東アジア情勢をにらんで、総数十万人規模の米軍前方展開戦力の堅持を明記した新たな軍事戦略構想「東アジア戦略報告書（East Asia Strategy Report）」を発表した。

「米国はアジアにおいて約十万人の兵力を維持する」

後に「ＥＡＳＲ（イーサー）」と呼ばれることになる報告書はその末尾をこう結んでいる。

ブッシュ前政権による「ＥＡＳＩ」がアジアにおける戦力構成の削減を前提にしていたのに対し、これを引き継いだクリントン政権が発表した報告書では「予見しうる将来、アジアにおける米軍兵力は不変」とその立場を百八十度、転換した。

後に米外交・安保サークル内でも市民権を得ることになる「アジア米軍十万人体

制」構想。それを内外に強く印象付ける報告書の生みの親である国防次官補（国際安全保障問題担当）のジョセフ・ナイは当時、その狙いについてこう語っている。

「（在日・在韓米軍などを）削減するという考えは完全に捨て去った。前方展開戦力の枠組み内で若干の微調整はあるかもしれないが、現在とほぼ同じ戦力を維持する。戦力規模を維持する期間としては、最低でも十年間を考えている」

その後、米国防総省はこの「東アジア十万人体制」をスタート台として、ナイを中心とする日米安保体制の「再確認作業」へと進んでいく。

「将来、朝鮮半島問題が解決すれば、在韓・在日米軍司令部は統合できるかもしれない……」

冷戦終結に伴い、目標を喪失した日米同盟が「漂流している」と言われた一九九〇年代半ば、いわゆる「ナイ・イニシアティブ」と呼ばれた日米安保再活性化の作業の中で、国防総省の日本部長だったポール・ジアラやその周辺は限られた内輪の会合でこんな会話を交わしていた。その発想の源には日本との安全保障同盟に対する米側の新たな期待があった。

だが、それは冷戦の終結で北東アジアにも軍事的緊張緩和の波が押し寄せる中で、在韓米軍司令部による在日米軍司令部の「吸収合併」などを企てようとした米陸軍幹部らの発想とは似て非なるものだった。

その一方で、こうした潮目の変化を受けて米陸軍上層部も一九九〇年代初頭にリスカシらが検討したプランとは全く別種の計画に着手していた。すなわち、在日米陸軍司令官の地位を従来の三ツ星（中将）から二ツ星（少将）に降格させることを検討していたのである。

在韓米軍の撤退、大将ポストの喪失という最悪のケースは免れたとはいえ、冷戦終結に伴う「平和の配当」を求める米議会からは国防予算の一層の縮小、それに伴う米軍組織の簡素化を求める声が一層強まることは必至の情勢だった。それを見越して、米陸軍がある種の「スケープ・ゴート」として差し出したのが在日米陸軍司令官の「格下げ人事」だった。

これを察知したジアラは「長期的な観点から見て、日米同盟にはマイナスの効果が大きい」と判断し、上司であるナイに「何とか止められないか」と相談している。その後、ジアラの取り計らいで陸軍上層部とナイによる非公式会議も行われたが、最終的には陸軍が予算縮小に伴うポスト削減策として当初案で押し切った。以来、在日米陸軍司令官のポストは二ツ星のままとなっている。

四ツ星から二ツ星へ――。

あまりにもドラスティックに揺れ動いた在日米軍ポストに対する米陸軍の姿勢。その本意は今、どこにあるのだろうか。

これまでの経緯にも詳しい在日米陸軍幹部は、陸軍上層部が二〇〇七年末時点で思い描く「理想形」の一つとして「ハワイに常駐する太平洋陸軍司令官のポストを現在の三ツ星から四ツ星へと昇格させる一方で、在韓米軍司令官の地位を四ツ星から三ツ星へと下げることだ」と指摘する。

現在、太平洋軍司令部隷下《れいか》にある太平洋空軍、太平洋艦隊の司令官はいずれも四ツ星だが、太平洋陸軍だけは三ツ星に留まっている。これだけでも「格下」のハンデが生じる上、在韓米軍司令官の四ツ星体制と相まって太平洋陸軍司令官の指揮権限はいま一つ明瞭《めいりょう》ではない、とこの幹部は解説する。

将来、在韓米軍が再度縮小の方向に動いた際、米陸軍上層部はハワイとソウルの司令官の地位を逆転させ、加えて在日米陸軍司令官ポストを三ツ星に戻すことでアジア太平洋地域における司令部機能の再調整を図ろうとしているのである。

在韓米軍再編

「在日米軍司令部と在韓米軍司令部。北東アジアに二つの米軍司令部は不要ではないか」——。

冷戦の終結と前後して、こうした議論は米国防総省・統合参謀本部内部で幾度となく浮かんでは消えてきた。

だが、その構想が一気に現実味を増す事件が二〇〇五年に起こった。

韓国軍に対する「戦時統制権」の移管問題である。

二〇〇四年十月六日、韓国国防省は在韓米軍の約三分の一に当たる一万二千五百人を二〇〇八年まで三段階に分けて削減することで米国と最終合意したと発表した。この時点で在韓米軍は総兵力三万七千人を維持していた。そのうち、主力となる陸軍第2歩兵師団が一万四千人を占め、主な装備としてはM1戦車百四十両、パトリオット(PAC3)四十八基などを所有していた。北朝鮮との軍事境界線近くにも多数の兵力を展開し、名実ともに「第二次朝鮮戦争」の勃発《ぼっぱつ》を防ぐ抑止力となっていた。

米側が始めた世界規模での「米軍変革(トランスフォーメーション)」の一環と位置付けられた在韓米軍削減計画は第一段階として、イラクで活動していた三千六百人を含む在韓米軍兵士五千人を年内に韓国から撤収させる。その後、〇五~〇六年に合計五千人(戦闘部隊などが中心で、〇五年は三千人)、〇七~〇八年に合計二千五百人(支援部隊中心）を削減するという内容だった。

　ここでさらに韓国側は韓国軍に対する「戦時統制権」についても二〇一二年をメドに移管すべきだとの立場を米側に伝えている。

　韓国軍に対する「作戦統制権」は当初、朝鮮戦争時にダグラス・マッカーサー国連軍司令官（当時）に委譲されている。その後、朝鮮戦争休戦を経て、一九七八年に米韓連合軍司令部を創設したのに合わせて、米韓連合軍司令官（在韓米軍司令官が兼務）に引き継がれた。米側は一九九四年に「平時」の統制権について、韓国軍合同参謀本部議長に移管することに合意したが、「戦時」の統制権までは移管していなかったのである。

　このため、現時点では朝鮮半島で紛争が発生した場合、韓国軍は自動的に在韓米軍司令官の指揮下に入ることになっている。だが、戦時統制権が韓国に移管されれば、米韓連合軍司令部は解体され、韓国軍と在韓米軍はそれぞれ独自の指揮系統に基づいて行動する。北朝鮮の侵攻や内部異変に備えて在韓米軍主導で策定してきた作戦計画もすべて白紙に戻り、その後、韓国軍が改めて作成することになる。

　安全保障政策上の「自立」を意味する戦時統制権の移管。それが歴代韓国政権にとって悲願だったことは間違いない。一方で、北朝鮮の核・ミサイル問題が解決しない段階で、性急に戦時統制権を米側から韓国側に移管するのは総合的な抑止力低下につながるとの懸念《けねん》も根強かった。

二つの相反する命題に悩んだ韓国は妥協案として、戦時統制権の移管時期を「二〇一二年」にまで延期することを選んだ。

だが、米国防副次官のリチャード・ローレスらは二〇〇六年夏の時点で、唐突に「二〇〇九年の移管」を逆提案し、韓国を慌《あわ》てさせている。

結果的に米韓両国は戦時統制権の移管を当初の韓国案通り、二〇一二年とすることで折り合っている。しかし、その合意に至るまでのプロセスで米側が見せた冷淡な対応は韓国側に言い知れぬ懸念と不安を残していた。

「米軍は本心では『北東アジア司令部構想』を検討しているのではないか……」

戦時統制権の移管に伴い、今後一層の縮小が予想される在韓米軍とその司令部。一方、在日米軍では陸軍第1軍団が日本のキャンプ座間に司令部を移すなど「強化策」が目立つ。一連の米軍再編の結果、陸軍勢力が中心となる在韓米軍はいずれ陸軍第1軍団司令部を擁する在日米軍司令部の指揮下に入り、さらにその先には在韓・在日米軍司令部の「統合」まであり得るかもしれない。

韓国側から見て、米側が将来、在日米軍司令部を北東アジア地域における「拠点司令部」とみなすと予想する状況証拠は数多かった。

韓国側の不安は的中していた。

「世界規模での米軍再編計画において、ラムズフェルド国防長官らが当初から想定していたのは在韓米軍の朝鮮半島からの完全撤退だった」――。

ラムズフェルドの後を継いだ国防長官、ロバート・ゲーツの要請に基づいて、長官直属の諮問《しもん》機関、国防政策委員会の委員長に就任した米戦略国際問題研究所（CSIS）のジョン・ハムレ所長は当時の米側内部の構想について、そう断言する。

戦時統制権を巡る米韓の綱引きは表面的には韓国側が返還を求めたことになっているが、ラムズフェルドらペンタゴン文民トップによる「朝鮮半島撤退論」を踏まえ、「実態的には韓国ではなく、むしろ米側が返還を強く望んでいた」とハムレは証言する。

実際、ハムレの指摘は戦時統制権の返還時期を巡る米韓両国の不可解なやりとりを裏付ける。先述しているように当初、韓国側は返還時期を二〇一二年としていたが、米側の交渉責任者であるローレスは突如、「二〇〇九年」を主張しているからである。

ラムズフェルドらの構想では、太平洋軍司令部（海軍大将＝四ツ星）と在韓米軍司令部（陸軍大将＝四ツ星）、そして在日米軍司令部（空軍中将＝三ツ星）となっていた従来の司令部構造を抜本的に改める第一歩として「在韓米軍司令部の廃止」があった。

その上で、在日米軍司令部内に空軍の三ツ星と陸軍の三ツ星を同居させ、これを一つ格上（四ツ星）の太平洋軍司令官の海軍大将が統括するという体制が最終的な目標とされていたのである。


「年間を通して自衛隊と連携できるようになる」


二〇〇七年十二月十九日、神奈川県座間市と相模原《さがみはら》市にまたがるキャンプ座間で在日米軍再編協議の目玉とされた米陸軍第1軍団の前方司令部が正式に発足した。

これに合わせて来日した第1軍団司令官のチャールズ・ジャコビー中将（三ツ星）は記念式典でそう述べ、アジア太平洋地域を責任地域とする第1軍団の前方拠点開設に強い期待を示した。

だが、実際にこの前方司令部を指揮するのはラムズフェルドらが望んだ「三ツ星」のジャコビーではなく、在日米陸軍司令官を務める「二ツ星」の少将、エルバート・パーキンスだった。

ハムレによれば、当初の構想ではこの前方司令部には新たに任命される三ツ星が司令官として就任するはずだった。

だが、この計画はあっけなく頓挫《とんざ》した。背景には在韓米軍司令部の戦時統制権移転が数年遅れたことや、日本側が日米安保条約に基づく「極東条項」に司令部移転が抵触するなどと反発したことがあった。

新前方司令部は当初、約三十人の要員で発足するが、いずれは米ワシントン州に本拠を置く第1軍団司令部から大規模な司令部要員が移転してくる予定だ。実際、二〇一一年七月末段階では、三十人体制から七十五人体制へと拡大、さらに将来は三百人規模になると見られている。

キャンプ座間での開所式に先立ち、仙台市の陸上自衛隊仙台駐屯地で行われた日米共同方面隊指揮所演習で記者会見に臨んだジャコビーは「前方司令部は設立されるが、人員の増加は微々たるもの」と強調した。だが、それを米側の「本音」と受け止める日米政府関係者はほとんどいない。

その際、ジャコビーはこうも述べている。

「第1軍団と陸上自衛隊の友好関係は長い歴史があり、前方司令部を座間に持つことでさらに関係をよくできる」

在韓米軍司令部の将来図を巡るペンタゴンの「奥の院」での会話。

それは何もラムズフェルドら「文民」によるものだけではない。実際の有事の際に兵力を直接指揮する現場の人間たち、すなわち制服組トップの間でも文民たちの考え方とはまったく別個の構想が水面下深くでうごめいていた。

米国防総省・統合参謀本部の一室――。

在日米軍司令官も務めた統合参謀本部議長、リチャード・マイヤーズ(当時)は居並ぶ陸、海、空、そして海兵隊の重鎮らを前に、ある重大なテーマを議論の対象として取り上げていた。

「北東アジアにおける米軍の司令部機能はいかにあるべきか」

マイヤーズの問いかけに、ある四ツ星(大将)が即座に口を開いた。

「将来、仮に朝鮮統一が実現したとしても、朝鮮半島にはある程度、米軍を残しておくべきではないか」

別の幹部がその言葉を引き受けて、付け加えた。

「在韓米軍司令部にはすでに四ツ星がいるのだから、朝鮮半島の『どこか』に主要な司令部を設立すればいいのではないか……」

ここで知日派のマイヤーズが口を開いた。

「しかし、その場合、日本との関係はどのようになると思うか？」

マイヤーズの、この言葉をもってこの時の議論は終息した。結局、韓国に「北東アジア司令部」を新設するというアイデアは、国防長官ら文民の意思決定レベルにまで上がることもなかった。

以下、その場で行われた議論の要点をまとめると次のようなものになる。

一、朝鮮統一後も朝鮮半島に一定の米軍勢力を保つ。

一、朝鮮半島内にある米軍司令部にはすでに四ツ星（大将）の司令官がいるのだから、その司令部を極東全体を見渡す要《かなめ》の司令部（極東米軍司令部）と見なす。

一、これに伴い、在日米軍司令部は廃止する。

ブッシュ政権下で進行していた「世界規模での米軍見直し」作業の中では、北東アジアにおける米軍の司令部機能も当然、リストラの対象となっていた。在日米軍だけを見ても在沖縄海兵隊司令部のグアム島移転や、陸軍第1軍団司令部の米本土からの日本移転などがある。先述したように在日米軍司令部に同居する格好を取っている第5空軍司令部をグアム島に移転させるアイデアも、米軍上層部では一時期まで現実味のある構想の一つとして扱われていた。

だが、この頃、米制服組の中で「星の数ほど」（マイヤーズ）浮上していた議論の中には在日米軍司令部を廃止し、在韓米軍司令部に統合するというプランもあったのである。

これを裏付ける材料として、当時、外務省で在日米軍再編問題について陣頭指揮を取っていた首脳は「最も過激なアイデア」として、「在日米軍司令部を廃止し、太平洋軍司令部の代表を日本に駐在させるというプランまであった」と証言する。

「この問題はあまりにも複雑な要素を抱えているので、この手の議論をそれほど煮詰めることはなかった。（米軍上層部の）多くの人間は北東アジア司令部を韓国に置くという考えを間違っていると感じていた。……」

当時を振り返り、当事者の一人であるマイヤーズはそう断言する。その上で、自身の考えとして、この問題に関する見解をこう説明している。

「日韓両国の歴史や関係などを踏まえれば、どちらか一方の国に司令部機能を置いて、もう一方の（国に駐在させる米軍の）管理責任まで負わせるというのは非常に難しいと思う」

マイヤーズの証言通り、主として制服組の間で議論された在日・在韓米軍司令部の統合構想も結局、日の目を見ることはなかった。だが、米国が二〇一二年に「戦時統制権」を韓国に移管する（のち二〇一五年に延期）時、この問題が再び脚光を浴びる可能性は高い、とアーミテージは言う。

「二〇一二年の段階では、我々が（北東アジアにおける米軍プレゼンスの面で）どこまで日本に比重を移すかという点について、より大きな議論が起こることだろう。もちろん、その際は『日本が求める機能の範囲で』ということになるだろうが……」（アーミテージ）

現在、米軍内部では「新たな司令部を創設しようとする空気は少ない」とマイヤーズは言う。その一方で、急速に近代化を進める中国人民解放軍の動向などを睨《にら》みながら、北東アジアにおける米軍プレゼンスと司令部機能については今後も断続的に議論が続くはず、とマイヤーズ、アーミテージの二人は口を揃《そろ》える。

その際、現在は四ツ星ポストとなっているものの、米軍内部では「朝鮮戦争の遺物」（デニス・ブレア元太平洋軍司令官）とまで言われる在韓米軍司令官の「格付け」や、在韓米軍そのものの構成にも様々なメスが入ることは避けられない。

基本的に北朝鮮と対峙《たいじ》することのみを任務としている在韓米軍に比べ、在日米軍は横須賀に駐留する第7艦隊を筆頭に作戦遂行上、「多くの柔軟性」（マイヤーズ）があると米側は見ている。日本の憲法上の制約などを考慮に入れたとしても、第7艦隊や第3海兵遠征軍（MEF）などが世界中、どこでも出動することは事実上、許されているためだ。

将来、南北朝鮮の統一など北東アジアを巡る安全保障環境に大きな転機が訪れた場合、米軍が再度、この地域における前方展開戦力、および司令部機能のあり方を抜本的に見直す可能性は排除できない。

マイヤーズ同様、日韓双方の国情に詳しいアーミテージは「（その場合でも）在韓米軍の司令部機能まで日本に移転することはない」と言い切る。だが、米制服組の現場をより熟知しているマイヤーズは「（在日米軍司令部よりも）より広範な地域を統括する『北東アジア司令部』のようなものはありうるかもしれない」と言う。

その理由として、マイヤーズは米軍の「長期戦略」をあげる。

「アジア太平洋地域における我々の長期的利益を考えれば、日本がより『同格』であることは明確だ。そうした（同格の）関係をもっと考えていく必要が我々にはある。そうでなければ、日本と米国は離れてしまう恐れもある……」（マイヤーズ）

マイヤーズらが想定する「北東アジア司令部」が創設されたとしても、それは米軍内部の機構上、現在の在日米軍司令部同様、太平洋軍司令部（ＰＡＣＯＭ）の「下部組織（Subordinate Body）」である点に変わりはない。しかし、一方で「北東アジア司令部」には四ツ星の大将が司令官として座り、「（在日米軍司令部）より上級の司令部として、PACOMと連動できるかもしれない」（マイヤーズ）という。

そうした見方は太平洋を隔てて、東京・市ヶ谷の防衛省・自衛隊の奥の院で秘《ひそ》かに囁《ささや》かれている将来構想と表裏一体の関係をなしている。

沖縄海兵隊移転

「防衛政策見直し協議（DPRI）」を通じて日米同盟のあり方に一石を投じた防衛庁の生え抜き組・米国留学組はかねて、米軍再編の次に掲げるべき目標として、在日米軍司令部の「格上げ」をあげていた。

「在日米軍司令部を太平洋軍司令部と同格にしたい」

その思いは現実的な選択肢として、太平洋軍司令部との関係強化を目指す自衛隊の制服トップにも通じるものと言って過言ではない。

「陸軍の第1軍団司令部が日本に来るのならば、沖縄にもう一つ、（海兵隊の）司令部は必要ないのではないか」

在日米軍基地の再編協議が加速していた二〇〇五年後半、防衛庁・自衛隊の対米エキスパートで構成する対米交渉のための「特別対策班」はこう考えた。彼らが水面下で練り上げた対米要求項目、すなわち沖縄海兵隊司令部の海外移転は、在日米軍司令部の機能強化を目指した大掛かりな仕掛けの一つだった。

この頃、米側でもDPRIの総責任者である国防副次官のローレスらが中心となって、沖縄海兵隊のグアム島への移転を水面下で検討している。だが、当初、米側が想定していた移転規模は実戦部隊を中心に四千人程度に過ぎなかった。それをさらに進化させ、司令部機能を丸ごと移転させることを承諾させたのはこうした日本側の特別対策チームだったのである。

米統合参謀本部内での議論の様子をうかがっていた日本の防衛省・自衛隊の指導部でもキャンプ座間に移転してくる米陸軍第1軍団司令部がいずれは極東全体を見渡す役割を演じる可能性があると見る空気が強まっている。

それを裏付ける材料として、ある防衛省幹部は二つの「物的証拠」に言及する。

第一に米側が陸軍第1軍団司令部を移転させるにもかかわらず、その特異な外観から「リトル・ペンタゴン（五角形の意味）」と関係者の間で呼ばれているキャンプ座間の司令部施設を大幅には改装せず、「暫定《ざんてい》的に駐車場を増やす」（防衛省関係者）だけの措置にとどめていることがある。

前述しているように当初、司令部要員は「三十人程度」としているが、将来のことを考えた場合、現在のキャンプ座間にある司令部施設だけではすぐに手狭になることは目に見えている。にもかかわらず、駐車場だけの拡張で済ます背景には「将来、座間を出て別の場所に本格的な拠点を構えるという長期計画があるはず」と、ある防衛省幹部は指摘する。

さらに日本側の「読み」を裏付ける材料として、防衛省・自衛隊関係者が指摘するのは、横田基地とキャンプ座間をつなぐ国道16号線の中間地点に位置する広大な相模総合補給廠《しょう》の返還問題である。

相模総合補給廠は神奈川県相模原市にある米陸軍の補給施設で、平時は米陸軍の戦闘活動に必要な様々な物資（食料から小銃類まで）を保管する場所として活用している。

先述したように、この補給廠は在日米軍司令部のある横田基地と米陸軍の揚陸施設である横浜ノースドック、それにキャンプ座間をつなぐ線上に位置しており、有事の場合には戦車や装甲車など戦闘車輛《しゃりょう》を整備・補修する拠点としての役割も担《にな》う。

相模総合補給廠では、米陸軍の「任務指揮訓練センター」も始動した。同センターではコンピューターの画面を使って、兵卒や戦車など陸上戦力をはじめ、弾道ミサイルの動きなどを計算することで、複雑な軍事オペレーションの「机上演習」も可能になる。これを活用して、キャンプ座間に移駐してくる陸軍第1軍団は陸上自衛隊の中央即応集団司令部と複数の戦闘シミュレーション訓練を繰り返し、実戦を想定した連携能力を強化していく方針だ。

この相模総合補給廠について、米側は在日米軍基地再編に関する日米合意の一環として、約二百十四ヘクタールにも及ぶ施設の一部（十七ヘクタール）を日本側に返還することに同意している。これは相模総合補給廠が相模原市街地を遮り、市内の交通の流れが迂回《うかい》を強いられる結果、渋滞が発生するなどして地元から返還要求が出ていたことに配慮したものだ。その一方で残る大部分について米側は依然、断固として返還を拒んだ経緯がある。

その理由について、ある防衛省幹部は「朝鮮半島動乱など極東有事の際の野戦病院の候補地にしたいなどと言っている」と米側の公式見解を説明した上で、声を潜めてこう解説する。

「本音ベースでは、米側は陸軍を中心とする新たな在日米軍司令部の立地候補として残しておきたいのではないか、と我々は推測している」

ＤＰＲＩ交渉において、そう踏んだ日本側の交渉チームは後に在日米軍再編計画の目玉となる「沖縄海兵隊司令部のグアム島移転」という「ウルトラC」を思いつく。この結果、米側も在沖縄海兵隊司令部を中心に合計八千人をグアム島に移転させる計画に同意した。

在日米軍基地再編を巡る一連の協議で、日本側は米海兵隊司令部のグアム島移転に続いて、横田基地に駐留する米第5空軍司令部（司令官は在日米軍司令官が兼務）の廃止も「将来、ありうる」（防衛省幹部）との感触も強めている。

最終的にはキャンプ座間に移転する陸軍第1軍団司令部を母体として、横田基地に新たな司令部が誕生。さらに北朝鮮問題が解決した段階で、韓国軍に戦時統制権を移管した在韓米軍司令部を在日米軍の新司令部に吸収統合し、北東アジア全体を見渡す包括的な合同司令部へと発展させる――。

これが日本の防衛省・自衛隊の一部関係者が水面下で想定する長期シナリオの一つである。

だが、米海兵隊内部にも多くの人脈を持つアーミテージはこうした見方に対して、独自の異論を唱えている。

「海兵隊はグアム移転案を心の底から嫌っている。できることなら今すぐにでもそれを変えたいと。できることなら、彼らはこのまま日本に駐留していたいと思っている」

一にロケーション（立地条件）、二にロケーション、三、四がなくて、五にロケーション――。

かつて、米海兵隊関係者は「なぜ、沖縄に駐留しなければならないか」という日本側の問いかけに対して、常にこう返答していた。

朝鮮半島だけでなく、中国、台湾海峡、果てはマラッカ海峡までカバー範囲に収めることができる沖縄本島は米戦略上、理想に近い立地条件を備えている。加えて、日本特有の治安の良さ、米本土と変わらぬ豊富な物資。在外基地用地として沖縄が持つ「魅力」は枚挙にいとまがなかった。

国防総省で在日米軍基地の再編問題を取り仕切ったヒル日本部長らが最終的にまとめあげた妥協案は、有事の際に俊敏な展開力が要求される海兵隊の実動部隊ではなく、司令部要員や支援要員などをグアム島に移転させることだった。海兵隊指導部はこの妥協案にも最後まで抵抗したが、ローレスやヒルらの文民指導部が「高速ヘリや高速艇などを使えば、沖縄本島とグアム島の物理的な距離も克服できる」と主張して押し切ったのである。

だが、アーミテージが指摘するように、米海兵隊指導部には今なお、グアム移転案に強い嫌悪感《けんおかん》が残っている。仮にそれが今後も燻《くすぶ》り続けていくとするならば、海兵隊指導部が様々な機会を捉《とら》えて、再度の「巻き返し」を図る可能性も否定できない。

一方で、いかに屈強な戦士を揃《そろ》える海兵隊とは言え、日米両国政府間の正式合意事項をひっくり返すのは並大抵のことではないのも事実である。

最終的にこの問題について、鍵《かぎ》を握っているのはブッシュ政権で二代目の国防長官となった外交現実派の「ロバート・ゲーツだ」とアーミテージは指摘した。

イラク戦争を巡る責任論を含め、何かと物議をかもした国防長官、ドナルド・ラムズフェルドの後任として、第四十三代大統領、ジョージ・W・ブッシュに選ばれたゲーツはブッシュの実父で第四十一代大統領のジョージ・H・W・ブッシュの長年の側近として知られている。

「プラグマティック（実務的）、リアリスト（外交現実派）」

ワシントン政界におけるゲーツの評判はこうした言葉に集約できる。

米中西部・カンザス州のウィチタ出身のゲーツはインディアナ大学大学院を修了後、冷戦の最中だった一九六六年に情報分析官としてＣＩＡに入局した。冷戦末期の八六年から八九年にかけては副長官と長官代行を歴任し、父ブッシュ政権の九一年に「たたき上げ」として初めてCIAのトップにまで上り詰めた伝説的「スパイ・マスター」として知られる。

CIA長官当時のゲーツは国防長官となった現在よりもかなりやせていた。その大きな目をいつもギラギラと光らせ、獲物《えもの》を探し回る野犬のような雰囲気を漂わせていた。その前任者であるラムズフェルドが自分の意にそわないものを全《すべ》て、一瞬で断ち切ってしまう「斧《おの》」であるとすれば、ゲーツは自分に近づく怪しいものを一瞬で粉々に切り刻む「ナイフ」のような切れ味を持っていた。

だが、その切れ者のゲーツがCIA長官に指名された時、すでに標的であるソ連は自ら崩壊していた。同時に米議会・民主党のハト派はゲーツに「冷戦思考に捉われた、時代遅れのタカ派」というレッテルを貼り、長官就任を阻止しようとしていた。

そんな政治環境にもかかわらず、ゲーツは頑として自説を曲げようとはしなかった。当時、ゲーツは親しいジャーナリストらを集めた昼食会の席上、こう言い放っている。

「誰が何と言おうと、自分はソ連やKGB（国家保安委員会）の連中を信じたり、握手したりはしない」

ソ連はその後、ロシアとなり、ロシアの長は急進改革派のリーダーだったボリス・エリツィンからKGB出身のウラジミール・プーチンへと替わった。天然ガスなど潤沢なエネルギー資源を背景に強権主義を貫くプーチンの姿勢は図らずも当時のゲーツの「ソ連（ロシア）観」が正しかったことを示している。

年齢とともにソフトな外見を備えたゲーツだが、内に秘めた信念はそのロシア観を巡るエピソードを見てもわかるように今も鉄のように固い。そのゲーツが父ブッシュ政権時代以来、親交を続けているアーミテージとの私的な会話の中で、ブッシュ政権の任期中に自らが国防長官として集中する「二つの課題」について、こう語っている。

「まず、アフガニスタン・イラク問題。そして陸軍の再活性化問題がある」

アフガン、イラク戦争や世界的な米軍再編などで辣腕《らつわん》を発揮したラムズフェルドが制服組と事あるごとに衝突したことはすでに有名なエピソードとして米政界で語り継がれている。その結果、ペンタゴン内部では文民と制服組の亀裂《きれつ》が深まり、特にラムズフェルドの対イラク戦略に異議を唱え、その逆鱗《げきりん》に触れた陸軍の士気低下は深刻な問題となっている。

一九九〇年代初頭、冷戦の終結とともに風当たりが強くなり、士気低下が懸念《けねん》されたCIAの組織を何とか立て直したゲーツにはペンタゴンで同様の手腕を発揮することが義務付けられているといっても過言ではない。

そのゲーツがイラク問題の次に「最重要案件」と見ているのが「陸軍再興」だ、とアーミテージは明かす。

海兵隊指導部のグアム移転巻き返しの動き。そして、その鍵を握るゲーツの陸軍再興計画――。

二つの案件がこの先、米国内で政治的に共鳴すれば、空軍主体となっている在日米軍司令部の将来図や、陸軍中心の在韓米軍司令部の統廃合問題などに影響を与えないはずはない。

旧ソ連の専門家として、四半世紀以上にわたって情報分析で才能を発揮したゲーツは同じＣＩＡ長官出身の父ブッシュ大統領の懐刀《ふところがたな》として頭角を現し、一九九一年の湾岸戦争時には父ブッシュ政権で国家安全保障問題の次席担当補佐官も務めている。

この時、上司だったのが共和党外交サークルで現実派とされるブレント・スコウクロフト大統領補佐官（国家安全保障問題担当）である。その縁は政権引退後も続き、一時期はスコウクロフトが主宰するコンサルティング会社、スコウクロフト・グループに身を寄せていたこともある。

ゲーツにとって、師とも言えるスコウクロフトは米中の戦略的握手を演出した元国務長官、ヘンリー・キッシンジャーの流れを汲《く》む勢力均衡論者の代表格としても知られる。その流れを汲むゲーツはアーミテージとも近いとは言え、アーミテージのように「何が何でも日本との同盟を重視する」といったタイプとも言えない。

言い換えれば、ゲーツは在日米軍司令部のあり方について、日本との関係を踏まえるというよりも純粋に米軍組織の維持・発展だけを念頭において、将来構想を練り上げる公算が大きいと見られていたのである。

ＪＴＦ-５１９

日本防衛の最前線に立つ日米双方の制服組の間には数多くの極秘事項が存在する。その中でも現在、トップクラスに位置づけられる符号の一つに「ＪＴＦ-５１９」がある。

日本語で「統合任務部隊」と称される「ＪＴＦ（Joint Task Force）」とは、ある特定の事態などに際して陸、海、空の三軍の部隊を統合し、共同対処に当たらせる枠組みを指す。そして多くの場合、それぞれのＪＴＦには個別の司令部が存在する。日本の自衛隊内部でも敵性国家から弾道ミサイル攻撃を受けた事態を想定した「ＪＴＦ-ＢＭＤ」など複数のＪＴＦが存在している。

日米双方にいくつか存在するＪＴＦの中でも最も機密性の高い「ＪＴＦ-５１９」が米太平洋軍内部に発足したのは一九九九年末と言われる。この部隊の司令部は例外的に「常設（standing）」とされ、アジア太平洋地域における海上阻止活動や非戦闘員の救出など小規模な軍事オペレーションから朝鮮半島危機や、台湾海峡動乱といった大規模な地域紛争まで担当する。

組織上、「JTF－519司令部」は太平洋軍司令部（PACOM）隷下《れいか》に置かれているが、その司令官は太平洋艦隊司令官、副司令官は太平洋空軍の副司令官が兼務する体制を取っている。最大定員四百人とされるJTF－519司令部に所属する参謀の多くも太平洋艦隊司令部との掛け持ちと言われる。

わずかに明らかにされているとは言え、「JTF－519司令部」の実態はなお多くの部分が秘密のベールに包まれている。日本の自衛隊関係者の間でも特に「519」という数字については今なお、「極秘扱い」を受けており、統合幕僚監部のトップクラスのみが言及を許されている。その徹底振りは防衛省・自衛隊内部の公式文書ですら、「JTF－×××」と伏せ字で綴《つづ》られているほどである。

ここでポイントとなるのは、日本から見ればこの「JTF－519司令部」が太平洋軍司令部と同格に近い中身と格を持った司令部と言っても言い過ぎではないことである。

このため、自衛隊内部ではこの「JTF－519司令部」に相対する新たな統合任務部隊司令部、あるいは「日本版JTF-519司令部」を創設すべきではないか、といった声も漏れ始めている。

先述したように、在日米軍司令部には日本に駐留する米陸軍、海軍、空軍、海兵隊に対する有事指揮権は与えられていない。このため、ライト司令官をはじめとする司令部の主要任務は米軍基地の管理・維持業務が中心となり、有事における日米共同作戦に関するビジョンや戦略、さらには「二十一世紀のアジア太平洋地域における安全保障環境に対する大きな視点」（自衛隊幹部）が欠けている。

これに対して、ハワイに常設された米軍の「JTF-519司令部」はそうした日本側が求める要素をすべて備えている。自衛隊の最高意思決定機関である統合幕僚監部と米太平洋軍司令部とを同格の「カウンターパート」と見なせないのなら、日本側に同様の機能・性格を備えた「日本版JTF-519司令部」を統合幕僚監部の直轄《ちょっかつ》組織として発足させれば当面の「戦略的目標」は達成できる。

ただ、この構想にも大きな懸念材料がつきまとう。すでに大幅な組織変更を経て、陸、海、空の幕僚監部に加え、統合幕僚監部を発足させたばかりの自衛隊にとって、さらに新しい「統合部隊司令部」を創設するのは「屋上屋を架すだけ」との懸念が強いためだ。

米軍のように自国の防衛だけでなく世界各地に目を光らせるグローバルな組織と違い、自衛隊は「あくまでもアジア太平洋地域の安全保障環境に責任を持つリージョナル（地域的）なパワー」（自衛隊幹部）に過ぎない。米軍に比べれば、小所帯の自衛隊内部にいくつものレイヤー（階層）に分かれた複雑な組織命令系統を作っても、迅速な情報伝達や的確な情勢判断、確固たる意思決定を鈍らせるだけになる恐れも否定できない。

だが、そうした自衛隊指導部のジレンマをよそに米側は着々と自らの構想を水面下で進めている。

その最たる例が二〇〇七年秋に米国防総省が発表した在日米軍司令官人事だった。

二〇〇七年九月六日、在日米軍司令部は現在の司令官であるライトの後任として、太平洋空軍副司令官の空軍少将、エドワード・ライスが中将に昇格した上で就任する、と発表した。

二〇〇八年二月に第二十二代在日米軍司令官兼第5空軍司令官に就任したライスは在日米軍トップとしては初のアフリカ系（黒人）米国人である。

「三ツ星（中将）になり、新たな任務に就けることは光栄。在日米軍司令官・第5空軍司令官として、同盟国・日本とともに先頭に立って任務を全うしたライト中将の偉大な業績を引き継ぎたい」

ブッシュ大統領による指名を受けて発表した声明の中で、そう抱負を語ったライスはその前任となるライト同様、ステルス型戦略爆撃機B2などのパイロットとして合計三千八百時間以上の飛行時間を誇る現役の戦闘パイロットでもある。

一九七八年に空軍士官学校卒業後、戦略爆撃機B52のパイロットとして活躍したライスはその後、第28爆撃航空団や第13空軍の司令官などを歴任。イラク戦争後は占領統治を行った連合軍暫定《ざんてい》当局（CPA）をワシントンから指揮した経験も持つ。

この後に世界中の注目を浴びるバラク・オバマ大統領のように豊富な知性を感じさせる風貌《ふうぼう》を持つライスだが、日本との接点は少ない。このため、米政府関係者の間でもライスは「謎《なぞ》の多い人物」として語られることが多かった。

その理由の一つとして、ある元米政府高官は「口数の少なさ」をあげる。

「ハワイで行われた何かの会議で、ライス将軍と面会したことはあるが、とにかく話さない。どちらかと言えば、印象の薄い人物だったような気がする……」

「一年に一回、笑えばいい方ではないか」（米政府当局者）とまで言われるほど無口なライスに米国の知日派たちがつけたあだ名は「ミスター・サイレント」だった。そんなライスが在日米軍司令官に抜擢《ばってき》された意味はどこにあるのか。

そこには在日米軍司令部の将来図に大きな影響を与える、ある可能性が秘められていることはあまりよく知られていない。

在日米軍司令部が当初発表したライスの経歴の中で一際《ひときわ》、目を引く一節があった。それは「二〇〇四年のスマトラ沖地震時の『統一支援作戦』では、復興支援に当たった519統合任務部隊、536連合支援軍の副司令官を務めています」という部分である。

先述しているように、太平洋空軍の副司令官ポストは常設の統合任務部隊「JTF-519司令部」の副司令官を兼務することになっている。加えてライスは第5空軍司令部を事実上、侵食する格好で横田の在日米軍司令部ビルに人員を増やしつつある第13空軍の司令官および、新設した戦闘指揮司令部「ケニー司令部」の司令官を務めていたこともある。

これらの事実から導き出される結論はただ一つ。

すなわち、ライス在日米軍司令官の就任は事実上、在日米軍司令部に「JTF-519司令部」の頭脳を移植することを意味しているのである。

この点について、JTF-519に詳しい在日米軍司令部幹部は「統合任務部隊の司令部機能について、我々はいつでも柔軟な（flexible）態勢を取っている」とした上で、「JTF-519の司令官は（本来任務とされる太平洋艦隊司令官以外の）誰でも就任することはできる」と言い切っている。

「偉大な空軍コミュニティの一員であることを誇りに思っている」

指名発表を受けた声明の最後をライスはこう締めくくっている。「偉大な空軍」の代表選手として日本に送り込まれてくるライスの言葉の裏には、在日米軍司令官のポストや将来像を巡り、今なお、水面下で熾烈《しれつ》な綱引きを繰り広げる陸、海、空三軍指導部の暗闘も感じさせる。

前述しているように、前国防長官のラムズフェルドが推進した「米軍変革」に則《のっと》って、在日米軍は今、その体制を大きく変えようとしている。

その目玉として、陸軍は神奈川県にあるキャンプ座間に第1軍団司令部を移設することを決めている。「UEX（戦術運用部隊）」と呼ばれ、実戦部隊を持たない同司令部の任務・役割はなお未知数だが、そのカバー範囲が日本防衛だけでなく、広くアジア太平洋全域に及ぶことは間違いない。

北朝鮮による核・ミサイル開発問題を発端とする朝鮮半島情勢が改善の方向に向か

えば、横田にある米空軍主体の在日米軍司令部との兼ね合いや、役割分担について、米国防総省・統合参謀本部内で再び見直し機運が高まる可能性も否定できない。

一方で、ライスが副司令官を兼務していた「JTF-519司令部」は主として、太平洋艦隊の影響力下に置かれている。在日米軍司令部と「JTF-519司令部」が今後、実質的な融合を進めれば、それは自動的に米海軍のプレゼンス増強を意味することになる。

防衛省・自衛隊の中では在日・在韓米軍司令部の再編問題と絡《から》め、日本を拠点に「北東アジア司令部」が創設されれば、「平時だけでなく、有事の際にも米実力部隊を直接、指揮できる体制が整う」と期待する声もある。

だが、巨大な米軍組織内で渦巻く様々な思惑は日本側の期待とは別の次元で思わぬ結果をもたらす可能性もある。陸、海、空三軍の将来構想が複雑に絡み合う在日米軍司令部の行き着く先はどこになるのか――。

それを予見できる人間は現時点で日米双方に一人もいない。

日本の自画像

「一年後にはポールが自分の後を継ぐから、よろしく頼む」

一九八七年、米海軍の知日派として横須賀基地を米空母の母港にする計画などに尽力した国防総省国防長官室（ＯＳＤ）の日本部長、ジム・アワーは、自らの引退時期を見据えて後進の育成に力を入れ始めていた。

そのアワーの目に止まったのは同じ海軍出身で、日本の防衛研究所に留学経験も持つポール・ジアラだった。アワーは日米関係に関与する人物に会う度、ジアラの人となりを紹介し、自分の後継者として扱ってくれるように頼み込んだ。

後に冷戦後の日米安保体制のあり方を規定する「ナイ・イニシアティブ」の事務方として、日米双方の橋渡し役を演じることになるジアラはしかし、当初、本格的な赴任先としては欧州を希望していた。

「海軍入隊後、偶然にも西海岸で学位を取得したため、日本の防衛研究所に留学することになっただけだ」

日本との接点についてそう語るジアラはその後、対潜哨戒機《しょうかいき》「Ｐ３Ｃ」を擁する部隊に所属し、在日米軍・三沢基地や嘉手納基地で半年間勤務している。一九八七年に帰国後、統合参謀本部配下の海軍スタッフとしてワシントン勤務を始めたジアラはそこでアワーと出会い、新世代の「ジャパン・ハンド」としてのミッションを与えられたのである。

当時、日米同盟は米大統領、ロナルド・レーガンと日本の首相、中曽根康弘による「ロン・ヤス同盟」が全盛時代を迎えていた。その最前線で活躍していたアワーの心配事は国防総省・統合参謀本部内における対日人脈の「行く末」だった。

自分同様、日本での留学経験を持つジアラはアワーにとって、まさにうってつけの人物だった。だが、実際にはどこの組織の人事にも付き物の奇縁が重なって、ジアラは直接、アワーの後任になることはなかった。やはり同じ海軍出身で、アーミテージの直系としても知られることになるトーケル・パターソン（後の国家安全保障会議上級アジア部長、駐日米大使特別補佐官）がアワーの後をまず継ぎ、ジアラはパターソンの後任として国防総省の日本部長となったのである。

この時、米政府はすでにレーガン、父ブッシュ政権時代を通り過ぎ、経済重視のクリントン政権へと替わっていた。日米同盟も「ロン・ヤス」時代の蜜月期《みつげつき》を終え、冷戦の終結という新たな国際環境に対応できないでいた。「対ソ連の最前線」という戦略的使命を終えた日米同盟は当時、その座標軸を見失い、漂流しているとまで言われた。その日米同盟を立て直すことが新たに日本部長に就任したジアラに与えられた主要任務だった。

「ペンタゴン屈指のジャパン・ハンド」とされたアワーの熱い薫陶《くんとう》を受けたにもかか

わらず、ジアラは就任後早々から、独特の冷めた目で日米同盟の「本質」を見抜きつつあった。

「あれこれと指示する（dictate）関係と対話する（converse）関係は根本的に違う。にもかかわらず、日本は何十年も自分の方から動こうとはしなかった……」

日々の業務を通じて、そうした思いを胸に溜《た》め込んでいたジアラにとって、ペンタゴン内部で「日本のプレゼンス、あるいは日本に関係する職務の地位が低いこと」は特別驚くことでもなかった。

一九九〇年代半ばまで、海軍は国防長官を支える制服組のエキスパートとして、少将クラスを国防長官室（OSD）に送り込んでいた。だが、ジアラが日本部長に就任した後、一九九四年になって海軍は突然、「ジェネラル（将軍）をOSDに送ることを止《や》めた」（ジアラ）という。

ジアラによれば、米海軍がOSDに送った「将軍」は米外交サークルでアジア安保問題の重鎮として知られるマイク・マクデビット（海軍少将）が最後である。

現在は海軍系のシンクタンク、CNAの上級部長として日米同盟などアジア安保問題について知的活動を続けているマクデビットはOSDに勤務後、第一次ブッシュ政権発足時に国家安全保障会議の上級アジア部長就任を打診されている。だが、マクデビットは「複雑な官僚機構内部では多くのことを達成できない」との理由で指名を固辞したことでも知られる。

余談だが、マクデビットの固辞を受けて、ブッシュの側近として知られる大統領補佐官（国家安全保障問題担当）、コンドリーザ・ライスは新進気鋭の日本学者としてワシントン政界で注目され始めていたマイケル・グリーンに目を付け、日本担当の大統領補佐官として起用している。

どれほど努力してもペンタゴン内部ではあまり報われることのない「日本」という存在。それはジアラから見て、米国との同盟関係に対する日本側の「コミットメント」を反映した残酷な結果でもあった。

日米同盟関係について、多くの米政治家が「日米関係は『数ある最も重要な二国間関係』の一つ」と評するのに対して、かつて大物駐日大使として日米関係の強化に尽力したマイク・マンスフィールドは敢《あ》えて「日米関係は世界で最も重要な二国間関係」と持ち上げた。そうすることで日本人の自尊心をくすぐり、日本側から一層のコミットメントを引き出そうと考えたからである。

だが、ジアラは「マンスフィールド以来、日米関係はそうした『レトリック』で綴《つづ》られてきたが、それは真実ではない」と断言した上で、こう指摘する。

「日米同盟には正常に機能するためのメカニズムも、機構（structure）も関連性（connectivity）も何もない」

ジム・アワーを「例外的存在」と呼ぶジアラが今、最も懸念《けねん》しているのは日米両国による対中政策である。

「台湾問題において、中国は日米同盟に『実体』がないことを知っている。それは単に日本の『敗北』を意味するだけではなく、日米両国、そして米国の『敗北』を意味する。冷戦時代、ソ連は我々が（有事の際には対日防衛作戦において）本気で核兵器を使用するつもりがあることを知っていた。だから、抑止力は維持できた。しかし、台湾情勢について日米にはまだ、真の意味での『戦争計画』は作成されていない……」

米軍内における日本の低い位置付け。それは日本がいまだにその安全保障政策について、自分自身の顔、いわば「自画像」を描けないでいることと直結している。

日米安保体制において、憲法九条を抱える日本が「米国防衛」という負担を回避しているのは紛れもない事実である。だが、その枠組みに安住し、急変する二十一世紀の国際環境に目を向けなければ、日本の存在感がさらに薄れていくことは避けられない。

「正直言って、現在、米国がアジア太平洋地域について何がしかの『見解』を求める際、最初に目を向けるのは日本ではなく、豪州やシンガポールだ」

米太平洋軍司令官を務め、現在もワシントンの知日派サークル内で重鎮として活動するデニス・ブレアはそう指摘した上で、同盟国・豪州の変化をあげる。

「米国の副保安官の役割を果たす」と公言した豪州のジョン・ハワード政権はブッシュ米政権との関係を強化し、アフガニスタン、そしてイラクと続く米国主導の軍事作戦に相次いで参加した。

特にイラクに対しては開戦当初から約二千人の兵力を投入し、米英両国軍とともに「アングロサクソン合同軍」の一角を占めた。この際、豪州軍の任務は主として偵察や機雷の除去、空爆の支援となり、本格的な地上戦に加わっていたわけではない。にもかかわらず、同盟国・豪州の存在は米国で印象に残る結果となった。

豪州の外交・安全保障政策は元来、米国以上に「対外不干渉」、あるいは「孤立主義」に通じるものが強かった。そうした風潮はある程度、日本にも共通するものであり、米国も対豪同盟、対日同盟の双方に多大な期待をかけることはなかった。

豪州国内でこの「対外不干渉姿勢」を変える契機となったのは、二〇〇二年に発生したバリ島での爆弾テロ事件である。この事件で百人近くの犠牲者を出した豪州は

「地域で強力な安全保障を構築することが必要」（二〇〇五年の国防白書）とそれまでの姿勢を転換、米国や日本、インドネシアなどとの安保・防衛協力の拡充に乗り出した。

この結果、豪州は二〇〇五年十一月には米国と外務・国防担当の閣僚会議を開き、二〇〇七年に両国が合同で軍事訓練を実施する施設を豪州北東部に設けることで合意した。第二次世界大戦終結以来、豪州は米軍に基地を提供したことがなかったが、世界規模でのテロとの戦いや、アフガン、イラクと続く軍事介入を受け、豪州側が訓練に使っているクインズランド州沿海部の施設を拡充し、米側にも提供することにしたのである。

一連の対米協調の背景には、保守連合政権のリーダーとして首相の座を得たジョン・ハワード首相の強い思い入れもあった。二〇〇一年九月十一日に発生した米同時テロの際、偶然訪米していたハワードはこれ以来、ブッシュの「盟友」となり、緊密な連携を取ってきた。

ちなみにこの時、舞台裏で「ブッシュ‐ハワード関係」を演出し、米豪同盟の強化に奔走したのがその後、駐日米大使となり、日米同盟の機関化を自らの使命と位置付けたブッシュの親友、J・トーマス・シーファーである。

米国防総省系のシンクタンク、国防分析研究所（ＩＤＡ）の所長として米豪同盟の推移を注意深く観察していたブレアはアフガン、イラクと続くプロセスの中で、豪州軍指導部がそれまでの視野狭窄《きょうさく》を打破した、と見ている。

「豪州は長年、ＰＡＣＯＭ（米太平洋軍司令部）とだけ連絡を取っていた。このため、アフガニスタンでの戦争やイラク戦争が起こった際、米中央軍司令部（ＣＥＮＴＣＯＭ）との連携に手間取った。だが、最終的に豪州軍指導部はＰＡＣＯＭと連携をとるだけでなく、もっとより広い視点で物事を考えることを学んだと思う」（ブレア）

アフガン・イラク戦争だけでなく、米国主導のミサイル防衛計画に参加するなど豪州の対米姿勢は日本のそれと酷似している。その背景には「豪州の安全保障には米国の存在が不可欠」（ハワード首相）との認識がある点も共通する。ブッシュ政権との蜜月を加速したのがブッシュ・小泉、ブッシュ・ハワードという首脳の個人的関係である点や、その後、対米協調を演出した与党の安倍、ハワード両政権がともに国内選挙で手痛い打撃を受け、退場を余儀なくされた点まで同じだ。

にもかかわらず、この数年間のプロセスにおいて、日豪間では決定的な「差異」が生じてしまった。

それは豪州の制服指導部がイラク参戦などを通じて、米国にとってより「グローバルなパートナー」と映るようになったからである。一方の日本はテロ対策特別措置法の失効で、インド洋での海上自衛隊による補給活動を中止せざるを得なくなり、かえって「萎縮《いしゅく》した同盟国」というマイナスのイメージを米側に与えている。

こうしたギャップが日豪間に生まれた原因について、ブレアは日本側の「自覚不足」を挙げる。

「日本は第一に平和維持活動や災害救助活動などにおいて、自分自身を米国の『ワールドワイドなパートナー』と位置付ける必要がある。単に太平洋における『地域的な参加者』にとどまっていてはいけない」（ブレア）

安全保障政策において、日本が地域限定（regional）な存在にとどまっていれば、在日米軍司令部をはじめ、日米同盟体制は先細りの運命を免れない。

それを変えるためには、中国の台頭や核兵器の拡散など二十一世紀の環境変化を踏まえて、日本自らが外交だけでなく、安保・軍事面でもグローバルな体制を構築し、具体的な「コミットメント」を相手側に示す必要がある。

そのレベルになって、初めて日米同盟には日本が求めて止まない「対等なパートナーシップ」を生み出す素地が生まれる。

「いずれにせよ、日本はもっと『（アジアのことは）自分にはわかっている』という態度を前面に出して、積極的に発言すべきだ。アジア太平洋地域での軍事演習などでも『ホスト役』を担《にな》うべきだ。単に『プロトコール（在日米軍司令部の格付け）』の問題に拘《こだわ》るよりも、そうしたことをもっと真剣に検討するべきではないだろうか」（ブレア）

ブレア同様、元来は海軍知日派グループに属する元国防総省日本部長のポール・ジアラも現状のままの日米同盟の先行きに懸念を隠そうとはしない。

「日本が核武装して、『（フランスのド・ゴールが志向したような対米自立の）ゴーリストの道』を歩むこともありうるだろう。日米間に真の協力が生まれなければ、何事も設定することなどできないのだから……」（ジアラ）

長年、日米同盟の強化に奔走してきたブレアやジアラの言いようのない不安や不満。それはワシントンの米外交サークルで勢力を弱めつつある、知日派グループのそれを率直に代弁している。

在日米軍司令官OBとして初めて制服組トップである統合参謀本部議長にまで上り詰めたマイヤーズはブッシュ政権末期を迎え、隙間《すきま》風《かぜ》が吹き始めた日米同盟の現状を憂慮しながら、こう語る。

「日米関係はアジア太平洋地域だけでなく、恐らく世界でも『最も重要な二国間関係』になっていると思う」

その「最も重要な二国間関係」を支える柱として、マイヤーズは日米両国間、特に軍部同士の「人と人とのつながり」を挙げる。

「(日米の) 二国間関係をさらに深めるため、人的関係を発展させる機能が (在日米軍司令部には) あった。自分としては (在日米軍司令部が持つ) この機能が二国間関係にとって、とても重要だと考えていた」

第一期ブッシュ政権時代、ラムズフェルドの号令下で始まった「世界規模での米軍見直し (GPR)」の途中、米軍基地の維持・管理を主体とする在日米軍司令部を在韓米軍司令部に統合するというアイデアが浮上したことは先述した。その一方で、在日米軍司令部の「機能」をハワイの太平洋軍司令部に移転するという構想が水面下で進んでいたこともあった。

その時、在日米軍司令部の「存在意義」を誰よりも良く理解していたマイヤーズは米軍幹部が居並ぶ会議で、重い口を開いた。

「在日米軍司令官のポジションなど必要ない」と言わんばかりの態度を見せていたラムズフェルドに迎合して、日米同盟の空洞化につながりかねない「在日米軍司令部・

司令官不要論」を展開する米軍幹部。
彼らに対して、マイヤーズは真正面からこう問いかけている。
「それが日米関係にとって、本当に『良い事』なのだろうか」——。

エピローグ

二〇〇八年三月六日、青森県・三沢——。

きれいに晴れ渡った東北の空を、一機のF16戦闘機が二つの僚機に囲まれながら名残惜しそうにゆっくりと飛行していた。

コックピットで操縦桿《かん》を握っているのは三十年以上に亘《わた》る米軍生活に別れを告げ、現役引退を決めた第二十一代在日米軍司令官、ブルース・ライトだった。

ライトにとって、F16は冷戦時代に名機と謳《うた》われたF4「ファントム」から数えて、「二代目」となる「ワイルド・ウィーゼル（WW）」戦闘機である。二〇〇八年夏、そのF4戦闘機は日本の航空自衛隊で「代替わり」の時期を迎えようとしていた。

かつてF4戦闘機を手足のように操った自分がファントムと同じ時期に軍人生活を終える。それは単なる偶然ではないだろう……。

そんな思いを胸の奥底で噛《か》み締めながら、ライトは最後のフライトをいつものように淡々とこなした。

日米同盟の将来について、現役時代のライトは極めて楽観的な姿勢を貫いた。「在日米軍司令部が発足して五十年が過ぎた。さらにこれから五十年後を占うとするならば、日米同盟はより包括的（inclusive）なものになるのではないだろうか」

そう予言したライトは具体的な証拠として、日米制服間の交流が活発になっていることを挙げた。

「日米軍部同士のより活発な交流」（ライト）がやがては日本の防衛や極東の安全維持といった伝統的な任務に加え、自然災害時の人道支援や潜在的な紛争防止などを日米同盟の「使命」と見なす素地を日本側にも作り出していくはずだ。在日米軍司令官という職務を通じて、いつしかライトは心からそう期待するようになっていた。だが、その時、ライトに残された時間はすでに多くはなかった。

一体、この「夢」を誰に引き継いでいけばいいのだろうか——。

そんな問題意識を日々、強くしていたライトは自らの引退を目前に控えた二〇〇七年秋、ある「特別任務」を引き受けることにした。

「侍とは単なる戦士を意味するものではない。侍は戦士であると同時に詩人であり、政治家であり、父親であり、農民である」

二〇〇七年秋、米コロラド州コロラドスプリングス――。

歴史と伝統を誇る米空軍士官学校の教壇で、ライトはこう力説した。

日米同盟体制について二週間にわたって講義を任されたライトはその際、自ら作成したレジュメの数ページを使って、「侍とは何か（What is Samurai?）」というテーマについて自分なりの考えを熱く伝えている。

「侍を定義するもの。それは良く訓練された兵士であること。主君（大名）に忠誠を尽くすこと。足軽や雑兵《ぞうひょう》とは違うエリートであること。そして、名誉を重んじる『武士道』を常に意識していること」

その一言、一言にライトは長い軍人生活で培《つちか》ってきた日米同盟、そして日本への思いを込めた。

近い将来、自分の後を継いで日本の空を護《まも》ることになるであろう、若い米空軍幹部候補生たち。彼らに対して、ライトは全《すべ》ての講義の最後に「四百年近く武家だった家で見つかった十四の掟《おきて》」（ライト）を紹介している。

「侍の掟・其《そ》の一、『聖なるもの（神）』を信じること」

教室正面の大型スライドに映し出された、その一つ一つをライトはかみ締めるように口にし、自らの後進たちに丁寧に伝えていく。

「其の二、夜八時には床に就き、警戒を怠らないこと。其の三、朝四時には起床し、六時までには雑事を終えること。其の四、自宅周辺をしっかりと警護すること。其の五、質素な生活を重んじること。其の六、時間があれば、読書をし、教養を身に付けること。其の七、年長者を敬うこと。其の八、嘘《うそ》はつかないこと。其の九、常に訓練を怠らないこと。其の十、友人は慎重に選ぶこと。其の十一、帰宅時には周辺を見回ること。其の十二、夜六時までには門戸を閉じること。其の十三、就寝の前には身の回りを整頓《せいとん》すること」

ここまで一気に言い終えたライトはここで一呼吸置いて、こう締めくくる。

「其の十四、技量と武器の均衡を図ること」

ミサイル防衛（ＭＤ）をはじめとするハイテク兵器によって、高度な連携を進める日米同盟。だが、技術はあくまでもそれを使う人間の技量によって決まる。その点をライトは殊更《ことさら》、強調したかったのである。

「こうした『教え』は日本の侍だけでなく、世界のどこに行っても通じる普遍的(universal) なものであるはずだ」

米空軍を代表するエリートたちにそう説明しながら、ライトは「未来の在日米軍司令官」に確かなバトンを渡そうとしていた。

日本を離れるにあたって、ライトはもう一つ、小さな「夢」を胸に芽生えさせていた。それはライトが「四分の一、日本人(quarter Japanese)」と呼ぶ愛娘《まなむすめ》の将来である。

ライトが講師を務めた同じ空軍士官学校を二〇〇四年に卒業した愛娘はすでに父の意思を継いで、空軍で職業軍人として生きていくことを決めている。

東京・横田の在日米軍司令部二階にある司令官室には、かつてライトが日々の業務をこなした大きな執務机がある。その上には、無事に士官学校の卒業式を迎えたライトの愛娘がブッシュ大統領から卒業証書を手渡される瞬間を収めた写真が、いつも自慢げに飾られていた。

そう遠くない将来、自分の愛してやまなかった日本の大空を娘が飛ぶ日がやってくるかもしれない。軍人生活から引退して、一人の父親に戻ったライトは今、ひそかに「その日」を楽しみにしている。

その生涯の多くを在日米軍のために捧《ささ》げたライトはとかく鬼っ子扱いされがちな在日米軍の「存在価値」について、こう言い残している。

「大事なことはこの半世紀、日本が一度たりとも外部から攻撃を受けたことがないということだ」

それは紛れもなく、自分たちが日本で成し遂げてきたことの確かな「証《あかし》」にほかならない――。

言葉に出来ない言葉を胸に秘めて、ライトは「第二の故郷」と呼んだ日本を後にした。

あとがき

戦後、日本は半世紀以上にわたって平和と安全を謳歌《おうか》してきた。それを可能にした理由はどこにあるのだろうか。

まず、平和憲法の存在を第一に挙げる人がいるだろう。「エコノミック・アニマル」と世界で揶揄《やゆ》されながらも経済発展を第一に考えた戦後・日本の「国策」を指摘する声もあるに違いない。先の大戦で数々の悲惨な体験をしてきた戦中世代の「不戦の誓い」を大きな要素と見立てる空気もあると思う。

だが、そうした理念上の理由とは別次元のものとして、現実に我々の平和と安全を守ってきた存在がある。その代表は言うまでもなく、憲法上は「国防軍」としてすら、認定されていない自衛隊である。同時に、米国との安全保障条約に基づいてわが国の領土内に駐留している在日米軍という存在も忘れてはならない。

にもかかわらず、実際に在日米軍基地の近隣に居住し、「米軍」という存在を日々身近に感じている人々を除いて、一般の日本人が日常の生活の中で在日米軍という存在を意識することはほとんどない。

我々が「在日米軍」という言葉を耳にし、あるいは目にする場合、その多くは在日米軍基地に関して何らかの問題が発生した時だけである。米軍基地で何らかの汚染物質が発見されたり、在日米軍に所属する軍人が日本の領土内で法を犯す行為に手を染めたりした場合、我々は在日米軍という組織が日本の国土に存在していることに改めて気付かされるのである。

そうした際に語られる「米軍」、あるいは「在日米軍」という言葉はどこか無機質で、非人間的な存在を想起させる。それがさらに在日米軍という存在をどこか遠い場所にあるものと誤解させてしまう。結果、我々の目は在日米軍、なかでもその「頭脳」にあたる在日米軍司令部からは自然と遠のいていく。そして、その生い立ちや存在理由、意義、その使命や未来図をほとんど理解しないままでいるのである。

だが、多くの組織がそうであるように、在日米軍という組織も数多くの人間が集まって出来た集合体である。そこに属する、あるいは関係する個々の人間の個性や哲学、政策観などは実に様々であり、生身のものであることは言うまでもない。好むと好まざるとにかかわらず、在日米軍という存在が日本の平和と安全に少なからず寄与している以上、それら一つ一つに丁寧に目を向け、「在日米軍」という存在の意味、あるいはその本質を少しでも理解すべきではないだろうか――。

本書執筆を思いついた動機はその一言に尽きる。

「同盟関係とは酸素のようなもの。普段はその存在にすら気づかず、無くなって初めて、その大切さが身に染《し》みる」

一九九〇年代半ば、冷戦終結に伴い、「漂流している」と言われた日米同盟を立て直したジョセフ・ナイ米ハーバード大学教授はかつてそう指摘した。ナイは同時に「同盟関係とは夫婦関係に似ている」とも言った。

お互いへの敬意、細かな気配り、そして、揺るがぬ信頼。それらを同時に共有することで、生まれも育ちも違う男女は初めてお互いを信じ、頼り、大切にし合っていくことができる。国と国の関係もこれに近い。

いずれの関係においても、その基盤となる「信頼」を醸成していくためには、それぞれが持っている思いや、それまでの人生観を適宜開示し合い、お互いを信用していくプロセスが不可欠である。そして、双方が信頼し合うためにはそれぞれが肝胆《かんたん》相照《あいて》らす必要があり、それぞれがそれなりの度量なり、能力なり、気概なりを見せなければならない。

残念なことに、日米同盟において、そうした「信頼」の芽を見つけ、育《はぐく》む場所は極めて限られている。そして、ポスト冷戦後に突入した二十一世紀の今日、日米双方の為政者たちは在日米軍という存在をその「限られた場所」の一つに数えようとしている。

本書執筆に際し、多くの人々から助言、励まし、そして貴重な証言の数々をいただいた。中でも「真の在日米軍の姿を日本の読者に伝えたい」という意図を十二分に理解した上で「全面的に協力する」と言い切ってくれた第二十一代在日米軍司令官兼第5空軍司令官（当時）のブルース・ライト中将には格別の謝意を送りたい。

東京・横田にある在日米軍司令部は一般の人々だけでなく、報道の仕事に携わる人間にとってもある種、近寄りがたい空気を常に発散している場所である。米国の首都・ワシントンDC近郊にある国防総省（ペンタゴン）の中枢《ちゅうすう》を何度となく訪れた経験をもってしても、やはり「最前線基地」に特有のピリピリとした雰囲気は一種独特のものがあり、どうしても取材の足も遠のいてしまう。

だが、今回は文字通り、在日米軍司令部の「最高実力者」であるライト司令官の全面的な支援のおかげもあって、これまで多くを語ろうとはしなかった在日米軍関係者の多数に取材を敢行することができた。このほか、在日米軍司令部の広報セクションに所属する米国人、日本人スタッフの皆様にも多大な支援をいただいた。諸般の事情を考慮して、すべての方々のお名前を記すことは控えるが、この場をお借りして御礼を申し上げたい。

出版元となった新潮社出版企画部ノンフィクション編集部の土屋眞哉氏とは執筆構想段階から入念な打ち合わせを重ねた結果、編集者・書き手間に成立すべき理想的な信頼関係を築くことが出来た。土屋氏の粘り強い励ましが無かったならば、本書をこうして送り出すこともかなわなかったはずである。

日本と米国が同盟関係を築き上げてから半世紀余――。両国関係はつい最近まで両国の為政者たちが「戦後、最高の状態にある」（シーファー駐日米大使）と口を揃《そろ》えていた。その背後には「民主主義や市場経済など『共通の価値』を日米両国は共有している」（同）という揺《ゆる》ぎ無い自信があった。

実際、「日米共通の価値」を土台に同盟関係を強化した小泉純一郎元首相はブッシュ大統領との最後の首脳会談で「世界の中の日米同盟」と謳《うた》いあげた。その言葉通り、二〇〇一年九月十一日の米同時テロ以降、一九九一年の湾岸戦争時には不可能とされた自衛隊の海外派遣にも踏み切り、「汗も血も流さない、非力な同盟国」という、それまでの日本のイメージを一新した。

小泉の後を継いだ安倍晋三も当然のように対米重視路線を堅持した。日本版の「国家安全保障会議(NSC)」創設や、集団的自衛権の研究、そして憲法(九条)の改正。安倍が矢継ぎ早に繰り出した一連の方針はいずれも「世界の中の日米同盟」を行動で示すための具体的な方策と国内外では解釈された。

だが、小泉政権の意思を継いで「価値共有の同盟」を掲げた安倍政権は突然、崩壊した。混迷を極める政局から産声《うぶごえ》を上げた福田政権も参議院で多数派となった民主党との政治的な膠着《こうちゃく》状態から抜け出す術《すべ》を見出《みいだ》せていない。

そして、その間に日米関係は冷戦終結直後のように「半ば漂流している状態」(マイケル・グリーン元米大統領補佐官)に戻ってしまったのである。

背景には、ブッシュ・小泉時代に広がった「世界の中の日米同盟」のイメージとは裏腹に、水面下で進んだ「同盟空洞化(Hollow Alliance)」がある。首脳同士の親密な関係に甘んじて、両国ともにこれに胡坐《あぐら》をかいた結果、日米双方で知日派、知米派の衰退が加速度的に進んでしまった。この「空洞化」に追い討ちをかけるかのように、在日米軍基地再編問題、北朝鮮による核・ミサイル、拉致《らち》問題、そしてインド洋での海上自衛隊による補給活動の中断が後に続いた。

北朝鮮が抱える諸問題や従軍慰安婦問題、さらには在日米軍再編問題などに対して、日米間で広がる温度差はもはや隠しようが無いところまで来ている。それは多くの価値観を共有し、磐石《ばんじゃく》の基盤を持っているはずだった日米関係・同盟の随所になお多くの隙間《すきま》風《かぜ》が吹きぬける余地を残していることを浮き彫りにしていると言っても過言ではない。

二十一世紀の国際社会において、日米両国が共有する利害は多い。ロシア、中国、インドなど新たな「大国」との安定した関係や持続的に成長する国際経済・市場、地球温暖化対策にエネルギー問題、核拡散防止対策、そして国際的なテロとの戦い……。そのいずれもが日米単独で成し遂げられるものではなく、両国が協力しながら国際社会とともに立ち向かっていくべき課題であることは明白である。

半世紀を経た日米同盟に今、求められているのは共通する価値や利害を強調するだけでなく、こうした困難な諸課題について入念な議論を重ね、一つ、一つ丁寧に克服していくことである。その過程では双方が敬意を持ち、信頼を分かち合い、共通の目標に向かって努力を続ける姿勢は欠かせない。

そのためのインフラとして、日米両国がお互いの「ファン」を一人でも増やし、この二国間関係を大切に思う人の輪を幾重にも重ねていくことが求められる。そうした地道な同盟管理の作業なくして、両国の友好・同盟関係が続くはずは無い。

そのための小さな一歩として、在日米軍司令部という存在の来し方行く末を改めて我々が考えるのは決して無駄なことではないと信じている。

二〇〇八年早春

春原　剛

文庫版あとがき

二〇一一年三月十一日に日本列島を襲った大震災は改めて、我々日本人に多くのことを考えさせた。

大自然がもたらす脅威の恐ろしさ。その前に立たされた時の人間の無力さ。時に「神の火」とまで言われる原子力エネルギーの取り扱いの難しさ……。追い打ちをかけるように東京電力・福島第1原子力発電所の事故処理に伴う政府・民主党の混乱振りを目《ま》の当たりにして、大多数の日本人は落ち込み、傷ついた心にさらに塩を摺《す》り込まれるような感覚を覚えたはずである。

日本の先行きに誰もが暗澹《あんたん》たる思いを抱きつつあった中で、未来への希望につながる明るい話題もあった。その一つとして、太平洋を挟んだ同盟国・米国による全面的な対日支援活動を挙げる人は多いのではないだろうか。「トモダチ作戦」と名付けられた、米軍による大規模な日本救援活動は、被災地で途方に暮れていた人々だけでなく、日本の全国民の心を奮い立たせ、米国との同盟関係の意味をもう一度考える機会を我々に与えてくれた。

そのトモダチ作戦において、中枢《ちゅうすう》の役割を果たしたのが本書の「主人公」となっている東京・横田の在日米軍司令部である。文庫版のために書き下ろした序章でも触れているが、東アジア有事の際には陸・海・空、そして海兵隊という四軍を隷下《れいか》に置く米太平洋艦隊司令官が対日支援作戦を指揮する拠点として在日米軍司令部を選んだのは、もちろん、単なる偶然でも思いつきでもない。実質的には「日本有事」にほかならなかった東日本大震災に対処するため、在日米軍司令部は名実ともに日米合同作戦の要《かなめ》としてその機能をフルに発揮したのである。

日本の安全保障政策に重大な影響を与える在日米軍の頭脳、すなわち在日米軍司令部とは一体、どのような組織なのか。そこでは一体、どのような人間が運営に携わり、どのような考えに基づいて日々、日本防衛の最前線に立っているのだろうか——。

そんな疑問をきっかけとして本書（単行本）執筆を企画したのは今から約四年も前のことである。にもかかわらず、文庫版刊行のために改めて取材した結果、見えてきたのは、単行本刊行時に紹介していた在日米軍司令部を巡る強化策、あるいは将来計画の多くが今なお、未完のままであったり、現在進行形であったりしていることだった。

背景には、「対等な日米同盟」を掲げ、同盟の時限爆弾ともいわれる沖縄米軍・普天間基地の移設問題について「最低でも県外、できれば国外」と言い放った鳩山《はとやま》・民主党政権による迷走があることは間違いない。首相官邸の主《あるじ》が鳩山由紀夫《ゆきお》から菅直人《かんなおと》へと変わった後も日米同盟にはどこかぎくしゃくとした空気が残ったままだ。二十一世紀のアジア太平洋地域における安全保障環境をにらみ、自民党の小泉純一郎・安倍《あべ》晋三《しんぞう》両政権が日米同盟の緊密化を政権の重大課題に据えていた日々は、もはや遠い過去のものになっているようでもある。

そんな日本の迷走振りを尻目《しりめ》に米国防総省の奥の院ではアジア太平洋地域における米前方展開戦力の現状を冷徹に見つめる目が複数、存在している。その視線の先には、急速に近代化を進める中国海軍、空軍の動向があることも、もはや隠しようがない事実である。一部の米戦略家の間では「エア・シー・バトル（空海戦争）」とも呼ばれる「米中対決」のシナリオをにらみながら、米軍事当局者は在日米軍とその頭脳である在日米軍司令部の新しい役割と態勢の在り方を日々、模索しているのである。

中国の軍備近代化などでアジア太平洋地域がきな臭さを増す中、在日米軍と在日米軍司令部は日本の安全保障や国防を考える上で、極めて重大な要因になっていることは明白である。そのベールに包まれた実像を、一人でも多くの日本人が理解するため、本書が何がしかでも役に立ってくれることを期待せずにはいられない。それこそが筆者にとって、本書を執筆する際の最大にして唯一《ゆいいつ》の原動力だったからである。

春原　剛

二〇一一年八月末

この作品は二〇〇八年五月新潮社より刊行された。

東郷和彦著
北方領土交渉秘録
―失われた五度の機会―
領土問題解決の機会は何度もありながら、政府はこれを逃し続けた。対露政策の失敗を内側から描いた緊迫と悔恨の外交ドキュメント。

陳　天璽著
無　国　籍
「無国籍」として横浜中華街で生まれ育った自身の体験から、各地の移民・マイノリティ問題に目を向けた画期的ノンフィクション。

秋尾沙戸子著
ワシントンハイツ
―GHQが東京に刻んだ戦後―
日本エッセイスト・クラブ賞受賞
終戦直後、GHQが東京の真ん中に作った巨大な米軍家族住宅エリア。日本の「アメリカ化」の原点を探る傑作ノンフィクション。

菅谷　昭著
新版 チェルノブイリ診療記
―福島原発事故への黙示―
原発事故で汚染された国に5年半滞在し、子どものガンを治療し続けた甲状腺外科医。放射線被曝の怖ろしさを警告する貴重な体験記。

佐野眞一著
東電OL殺人事件
エリートOLは、なぜ娼婦として殺されたのか――。衝撃の事件発生から劇的な無罪判決まで全真相を描破した凄絶なルポルタージュ。

佐野眞一著
甘粕正彦　乱心の曠野
講談社ノンフィクション賞受賞
主義者殺しの汚名を負い入獄。後年一転「満州の夜の帝王」として、王道楽土の闇世界に君臨した男の比類なき生涯に迫る巨編評伝！

佐藤優著
国家の罠
―外務省のラスプーチンと呼ばれて―
毎日出版文化賞特別賞受賞

対ロ外交の最前線を支えた男は、なぜ逮捕されなければならなかったのか？ 鈴木宗男事件を巡る「国策捜査」の真相を明かす衝撃作。

佐藤優著
自壊する帝国
大宅壮一ノンフィクション賞・新潮ドキュメント賞受賞

ソ連邦末期、崩壊する巨大帝国で若き外交官は何を見たのか？ 大宅賞、新潮ドキュメント賞受賞の衝撃作に最新論考を加えた決定版。

佐藤優著
インテリジェンス 人間論

歴代総理や各国首脳、歴史上の人物の精神構造を丸裸！ インテリジェンスの観点から切り込んだ、秘話満載の異色人物論集。

大野芳著
8月17日、ソ連軍上陸す
―最果ての要衝・占守島攻防記―

最北端の領地を日本軍将兵は、いかに戦って守り、ソ連の北海道占領を阻んだのか。「終戦後」に開始された知られざる戦争の全貌。

梯久美子著
散るぞ悲しき
―硫黄島総指揮官・栗林忠道―
大宅壮一ノンフィクション賞受賞

地獄の硫黄島で、玉砕を禁じ、生きて一人でも多くの敵を倒せと命じた指揮官の姿を、妻子に宛てた手紙41通を通して描く感涙の記録。

共同通信社社会部編
沈黙のファイル
―「瀬島龍三」とは何だったのか―
日本推理作家協会賞受賞

敗戦、シベリア抑留、賠償ビジネス――。元大本営参謀・瀬島龍三の足跡を通して、謎に満ちた戦後史の暗部に迫るノンフィクション。

高橋秀実著
からくり民主主義
米軍基地問題、諫早湾干拓問題、若狭湾原発問題――今日本にある困った問題の根っこを見極めようと悪戦苦闘する、ヒデミネ式ルポ。

千葉望著
世界から感謝の手紙が届く会社
―中村ブレイスの挑戦―
乳房を失った人に人工乳房で新しい人生を――義肢装具メーカー・中村ブレイスの製品は、作る人も使う人も幸せにする。

中村尚樹著
奇跡の人びと
―脳障害を乗り越えて―
複雑な脳の障害を抱えながらも懸命に治療に励む本人、家族、医療現場。〝いのち〟、〝こころ〟とは何かを追求したルポルタージュ。

西川治著
世界ぐるっと肉食紀行
NYのステーキ、イタリアのジビエ、モンゴルの捌きたての羊肉……世界各地で様々な肉を食べてきた著者が写真満載で贈るエッセイ。

松田公太著
すべては一杯のコーヒーから
金なし、コネなし、普通のサラリーマンだった男が、タリーズコーヒージャパンの起業を成し遂げるまでの夢と情熱の物語。

森達也著
東京番外地
皇居、歌舞伎町、小菅――街の底に沈んだ聖域へ踏み込んだ、裏東京ルポルタージュ。文庫書き下ろし「東京ディズニーランド」収録。

新潮文庫最新刊

佐伯泰英著

百年の呪い

新・古着屋総兵衛 第二巻

長年にわたる鳶沢一族の変事の数々。総兵衛は卜師を使って柳沢吉保の仕掛けた闇祈禱を看破、幾重もの呪いの包囲に立ち向かう……。

北原亞以子著

月明かり 慶次郎縁側日記

11年前に幼子の目前で刺殺された弥兵衛。あのとき、お縄を逃れた敵がいま再び江戸に舞い戻る。円熟と渾身の人気シリーズ初長篇。

加藤廣著

空白の桶狭間

桶狭間の戦いはなかった。裏で取り交わされたある密約と若き日の秀吉の暗躍。埋もれた真実をあぶりだす、驚天動地の歴史ミステリ。

諸田玲子著

巣立ち お鳥見女房

長男の婚礼、次男の決断。嫁から姑へと変化する珠世に新たな波乱が待ち受ける。人情と機智に心癒される好評シリーズ第五弾。

佐江衆一著

動かぬが勝

われ還暦を過ぎ剣を志す。隠居剣士の奮闘と、日々の心を如実に映す剣の不思議。著者自らの経験を注いだ、臨場感抜群の剣豪小説集。

米村圭伍著

山彦ハヤテ

山野を駆ける野生児と一撃必殺の牙をもつ狼が、若き藩主を陥れるお家騒動の危機に挑む！ 友情と活力溢れる、新感覚時代小説。

新潮文庫最新刊

西條奈加著
恋細工
女だてらに細工修行をするお凜は、謎の男・時蔵の技に魅せられる。神田祭を前にした江戸の町に、驚くべき計画が持ち上がり――。

犬飼六岐著
叛旗は胸にありて
冴えない駿足自慢の浪人が、突然巻き込まれた幕府転覆計画。未来はその脚に懸かっている。慶安の変を材にとった傑作時代小説。

田牧大和著
緋色からくり
―女錠前師 謎とき帖㈠―
愛しい姉さんを殺したのは誰なのか？ 美貌の天才錠前師・お緋名が事件の謎を解き明かす、痛快時代小説シリーズ第一弾。

中谷航太郎著
ヤマダチの砦
カッコイイけどおバカな若侍が山賊たちと繰り広げる大激闘。友情あり、成長ありのノンストップアクション時代小説。文庫書下ろし。

詩・工藤直子
絵・佐野洋子
新編 あいたくて
名作『のはらうた』で日本中の子供たちに愛される童話作家と『100万回生きたねこ』の絵本作家が出会って生まれた心に響く詩画集。

井上ひさし著
井上ひさしの日本語相談
日本語にまつわる疑問に言葉の達人が名回答。あらゆる文献を渉猟し国語学者も顔負けの博覧強記ぶり。ユーモアも駆使した日本語読本。

新潮文庫最新刊

安部龍太郎著
名将の法則
—戦国十二武将の決断と人生—
武勇に優れるだけでは「名将」とは呼ばれない。信長、秀吉ら十二人の生涯から、何が存亡を分け、どう威信を勝ち得たかを読み解く。

山本博文ほか著
こんなに変わった歴史教科書
昔、お札で見慣れたあの人が聖徳太子ではない？ 昭和生れの歴史知識は、平成の世では通用しない。教科書の変化から知る歴史学。

南 直哉著
なぜこんなに生きにくいのか
苦しみは避けられない。ならば、生き延びるまで。生き難さから仏門に入った禅僧が提案する、究極の処生術とは。私流仏教のススメ。

羽生善治
柳瀬尚紀著
勝ち続ける力
勝つためには忘れなくてはいけない——。翻訳界の巨匠が、「天才」と呼ばれ続ける羽生氏の思考の深淵と美学に迫る、知の対局。

中島義道著
人生に生きる価値はない
人が生れるのも死ぬのも意味はない。だからこそ湧き出す欲望の実現に励むのだ。「明るいニヒリズム」がきらめく哲学エッセイ集。

春原 剛著
在日米軍司令部
北朝鮮ミサイル危機の時、そして東日本大震災の後、在日米軍と自衛隊幹部は何を考え、どう動いたか——司令部深奥に迫るレポート。

在《ざい》日《にち》米《べい》軍《ぐん》司《し》令《れい》部《ぶ》

新潮文庫　す-26-1

平成二十三年十月一日発行

著者　春《すの》原《はら》剛《つよし》

発行者　佐藤隆信

発行所　株式会社 新潮社

郵便番号　一六二―八七一一
東京都新宿区矢来町七一
電話　編集部(〇三)三二六六―五四四〇
　　　読者係(〇三)三二六六―五一一一
http://www.shinchosha.co.jp

価格はカバーに表示してあります。

乱丁・落丁本は、ご面倒ですが小社読者係宛ご送付ください。送料小社負担にてお取替えいたします。

印刷・三晃印刷株式会社　製本・株式会社大進堂
© Tsuyoshi Sunohara 2008 Printed in Japan

ISBN978-4-10-135391-3 C0195